果园林地生态养鹅关键技术

GUOYUAN LINDI SHENGTAI YANG'E GUANJIAN JISHU

张昌莲 黄 勇 罗 艺 主编

中国科学技术出版社

·北 京·

图书在版编目（CIP）数据

果园林地生态养鹅关键技术 / 张昌莲，黄勇，罗艺主编.
—北京：中国科学技术出版社，2017.6
ISBN 978–7–5046–7499–9

Ⅰ.①果…　Ⅱ.①张…　②黄…　③罗…　Ⅲ.①鹅－生态养殖
Ⅳ.① S835.4

中国版本图书馆 CIP 数据核字（2017）第 092651 号

策划编辑	乌日娜
责任编辑	乌日娜
装帧设计	中文天地
责任校对	焦　宁
责任印制	徐　飞

出　　版	中国科学技术出版社
发　　行	中国科学技术出版社发行部
地　　址	北京市海淀区中关村南大街16号
邮　　编	100081
发行电话	010–62173865
传　　真	010–62173081
网　　址	http://www.cspbooks.com.cn

开　　本	889mm×1194mm　1/32
字　　数	136千字
印　　张	5.875
版　　次	2017年6月第1版
印　　次	2017年6月第1次印刷
印　　刷	北京威远印刷有限公司
书　　号	ISBN 978–7–5046–7499–9 / S·635
定　　价	22.00元

本书编委会

主　编

张昌莲　黄　勇　罗　艺

副主编

王阳铭　李　琴　赵献芝

编著者

张昌莲　黄　勇　王启贵　罗　艺

王阳铭　彭祥伟　李　琴　谢友慧

赵献芝　李　静　汪　超

Preface 前言

　　扶贫脱贫工作一直是我国近几年来特别重视的工作，"十三五"期间各地扶贫力度更大、更进一步，提出了要精准扶贫，精准脱贫，旨在尽快使我国贫困地区的农民摆脱贫困。扶贫工作要见成效，一方面要输血，确保贫困户限期、精准脱贫；另一方面要造血，确保贫困村及农户稳定增收，摆脱贫穷。授人以鱼，不如授人以渔，扶贫应根据各地区自然资源特点，以本区域特有的农业资源开发利用为主。贫困地区大多是山多地少，土地贫瘠、地块零散、耕种不便，贫困地区新一轮退耕还林还草力度更大，因此发展林果产业、林下经济、苗木经济、中药材种植等生态化产业是其出路，而发展林下养鹅则是很多地方精准扶贫的首选项目，是种植业和养殖业的完美结合，既极大利用了土地资源，提高了土地的利用率，又带来经济收入，是农户或果农增收致富的一项重要途径，是农村经济的一大特色和亮点，不但可以增加经济收入，还可就地解决农村劳动力就业，或实现第二次创业，从而脱贫。

　　鹅属于草食家禽，以吃草为主，生长快，耐寒，合群性及抗病力强，耐粗放饲养，饲养设施比较简单，投资比较少，且以青粗饲料为主，耗料少、疾病少、用药也少，饲养成本比较低，还可以与农、林、果、鱼协调发展，产生良好的生态经济效益，并可形成良性生态循环，鹅产品基本属于无污染绿色食品。

　　鹅既能规模饲养，也能小群分散饲养，投资可多可少，规模可大可小，很适合农村饲养，特别适合老区农村饲养。鹅早期生长快，商品鹅饲养周期短，经济周转快，一般70～80天即可出栏上市。养鹅是节粮型的畜牧业，对粮食的依赖性小，可合理利用自然资源。猪、鸡、鸭等畜禽的饲养成本中饲料约占70%，而鹅可利用廉价的青饲料，故生产成本中饲料仅占50%。肉仔鹅70天左右活重可达3.0千克，鹅耗料少，养一头猪所需的饲料可养100只肉仔鹅，产肉量是猪的3倍。

在当前我国普遍面临饲料原料不足、环境遭到污染、动物疫病增多、畜产品药物残留严重、动物福利问题等这一系列现实问题下，生态化养殖应运而生，生态养殖全方位地破解并避免了上述问题。生态养鹅属于资源节约、环境友好型畜牧业。林下、草地生态养鹅主要就是在不占用耕地的前提下，利用林间丰富的牧草和杂草来放牧养鹅，实现天然健康养殖。林下养鹅既充分利用了土地资源，又能除去林间杂草，不仅节约了除草剂药费和除草人工费，养殖出来的鹅更是林果地额外的增收项目。我国地域辽阔，荒山、荒坡、草地、果园、经济林等自然放养资源较多，许多地方的空气、水质污染低，生态环境较好，具备变环境优势为经济优势的良好条件。林下养鹅是我国广大农村特别是贫困地区脱贫致富的优势项目和新的经济增长点。因此，大力发展林下生态养鹅大有可为。为了更好地帮助广大养殖户掌握林下生态养鹅技术，实现经济效益最大化，我们编写了该书。该书的主要内容有：林下生态养鹅在全国的发展概况及成功实例、生态养鹅的多种模式、林下生态养鹅技术（主要包括林果地的管理技术，牧草种植技术、鹅放牧管理技术等）、鹅场规划与设计、鹅不同时期的饲养管理技术、鹅的营养和饲料、鹅反季节繁殖技术以及鹅疾病防治等章节。该书叙述简明、语言朴实、深入浅出、通俗易懂、图文并茂，理论和实践相结合，所述技术具有科学性、先进性和实用性，可供基层畜牧兽医科技人员、广大养殖户及管理者参考。

本书参考了许多文献，有些未查明出处，在此对作者及单位表示衷心的感谢！

由于笔者学术水平有限，书中难免有错误和不妥之处，恳请各位专家、读者批评指正。

编　著　者

Contents 目 录

第一章　概述 …………………………………………………………… 1

一、林下生态养鹅的概念 ……………………………………………… 1

二、林下生态养鹅的特点 ……………………………………………… 2

（一）林下生态养鹅是以放牧的方式去养鹅 ……………… 2

（二）林下生态养鹅是种养结合的生态循环农业，是
一种循环经济 ……………………………………………… 2

（三）林下生态养鹅不需要建造标准鹅舍，投资少、
成本低、养殖效益更高 ………………………………… 3

三、林下生态养鹅的必要性和现实意义 ………………………… 3

（一）生态又环保 ………………………………………………… 3

（二）林下生态养鹅是实现"动物福利"的最好体现 …… 4

（三）我国林地、果园资源丰富，极具发展林下生态
养鹅的有利条件 ………………………………………… 4

（四）林地、果园生态养鹅是一种互相促进的高效益
种养模式 ………………………………………………… 5

（五）不与人争地争粮，适合我国国情 …………………… 6

（六）生态养鹅有利于粮食安全 …………………………… 6

（七）生态养鹅，是减少动物疫病增加、药物残留、
养殖污染等的良好途径 ………………………………… 7

四、林下生态养鹅的市场前景 ……………………………………… 8

（一）鹅的消费市场供不应求，发展前景广阔 ………… 8

（二）符合人类追求营养绿色、健康食品的需要 ……… 10

（三）随着人们健康与食品安全意识的提高，生态化
畜禽普遍受到青睐 ……………………………… 10

（四）国内外生态养殖持续增长，有强大
的生命力 ………………………………………… 11

（五）林下生态养鹅，属于草食型、节粮型畜禽业，
具有广阔的发展前景 …………………………… 12

五、生态养鹅在全国的发展概况 ……………………… 13

第二章　林下生态养鹅的多种模式 …………… 15

一、生态林养鹅 ………………………………………… 16

二、经济林养鹅 ………………………………………… 17

三、草场养鹅 …………………………………………… 18

四、冬闲田种草、种菜养鹅 …………………………… 19

五、荒山草坡养鹅 ……………………………………… 19

六、生态养鹅成功实例 ………………………………… 20

第三章　果园林地生态养鹅配套技术 ……… 32

一、林果地要求及管理 ………………………………… 32

（一）林果地要求 ……………………………………… 32

（二）林果地的清理 …………………………………… 32

（三）林地、果园种草养鹅场地的选择 ……………… 33

（四）划区围栏轮牧 …………………………………… 33

（五）合理安排用药与林果地利用时间 ……………… 34

二、林果地牧草种植与利用 …………………………… 34

（一）牧草要求 ………………………………………… 35

（二）牧草品种选择 …………………………………… 35

（三）牧草种植技术 …………………………………… 36

（四）林果草地田间管理 ……………………………… 38

（五）鹅喜食的几种优质牧草及栽培技术 ·········· 39

（六）牧草的利用 ······························· 51

三、林果地放牧管理 ································· 52

（一）林地果园有效放牧面积 ················· 52

（二）养殖规模及载鹅量的确定 ·············· 53

（三）放牧管理 ····························· 54

四、养鹅品种选择 ································· 56

（一）我国的鹅品种 ························· 56

（二）国外引入优良鹅品种 ·················· 57

（三）养鹅品种选择 ························· 59

（四）鹅的杂交利用 ························· 60

五、养殖季节、育雏时间的确定 ·················· 63

（一）养殖季节的确定 ······················· 63

（二）育雏时间的确定 ······················· 63

第四章　场地选择、鹅舍的建造与设施 ············· 65

一、场地选择及鹅舍的建筑原则 ·················· 65

（一）场地选择 ····························· 65

（二）鹅舍的建筑原则 ······················· 65

二、鹅舍类型与建造 ······························· 66

（一）根据饲养鹅的年龄结构分 ·············· 66

（二）根据养鹅规模来分 ···················· 69

三、鹅舍配套设施 ································· 74

（一）育雏设备 ····························· 74

（二）喂料器和饮水器 ······················· 75

（三）围栏和产蛋箱 ························· 77

（四）运输笼 ······························· 77

（五）照明设备 ····························· 77

第五章　鹅的营养需要和饲料 ················ 78

一、鹅的营养需要 ························· 78

（一）蛋白质 ·························· 79

（二）能量 ··························· 79

（三）维生素 ·························· 80

（四）矿物质 ·························· 81

（五）水 ····························· 82

二、鹅的常用饲料 ························· 82

（一）能量饲料 ························ 82

（二）蛋白质饲料 ······················ 83

（三）青绿多汁饲料 ···················· 85

（四）矿物质饲料 ······················ 86

三、鹅的饲养标准与饲料配方 ·············· 87

（一）饲养标准 ························ 87

（二）日粮配合 ························ 89

（三）参考配方 ························ 89

四、鹅生态放养形式下饲料解决方法、加工处理及机械
设备 ····································· 92

（一）生态养鹅的饲料解决办法 ··········· 93

（二）肉仔鹅饲料配制方法 ··············· 93

（三）青贮秸秆饲料操作技术 ············· 95

（四）鹅饲料常用机械设备 ··············· 97

第六章　鹅种蛋孵化技术 ················ 98

一、种蛋的选择 ·························· 98

（一）种蛋来源 ························ 98

（二）种蛋的新鲜度 ···················· 98

（三）种蛋保存时间 ···················· 99

（四）种蛋的受精率 ···················· 99

（五）种蛋的选择 …………………………………99
二、种蛋的保存与消毒 ……………………………100
　　（一）保存种蛋的条件与方法 ………………100
　　（二）种蛋的消毒方法 ………………………102
三、鹅蛋的孵化 ……………………………………103
　　（一）种蛋的孵化条件 ………………………103
　　（二）鹅蛋的孵化方法 ………………………107
四、雏鹅的雌雄鉴别方法 …………………………110
　　（一）捏肛法 …………………………………111
　　（二）翻肛法 …………………………………111
　　（三）顶肛法 …………………………………111
　　（四）毛色法 …………………………………111
　　（五）外形法 …………………………………111
　　（六）声音法 …………………………………112

第七章　雏鹅的饲养管理 …………………………113
一、雏鹅的养育 ……………………………………113
　　（一）雏鹅的生理特点 ………………………113
　　（二）育雏前准备 ……………………………114
　　（三）育雏技术 ………………………………115
　　（四）育雏方式 ………………………………116
二、雏鹅的饲养管理 ………………………………118
　　（一）雏鹅的饲养技术 ………………………118
　　（二）雏鹅的管理要点 ………………………120

第八章　肉仔鹅的饲养管理 ………………………123
一、肉仔鹅的生产技术 ……………………………123
　　（一）肉仔鹅的生理特点 ……………………123
　　（二）肉用仔鹅的育肥原理 …………………123

（三）肉用仔鹅的育肥技术 ············· 124

二、提高肉仔鹅产肉性能的技术措施 ············· 125

（一）利用优良杂交组合生产商品鹅 ············· 125

（二）前期放牧、后期舍饲 ············· 126

（三）饲喂全价颗粒饲料＋青绿饲料 ············· 126

第九章　种鹅的饲养管理 ············· 127

一、种鹅的选留及留种中鹅的饲养管理 ············· 127

（一）留种中鹅的生活习性与生理特点 ············· 127

（二）留种中鹅的饲养技术 ············· 128

（三）留种中鹅的管理技术 ············· 129

二、后备种鹅的选择及饲养管理 ············· 130

（一）后备种公鹅的饲养管理 ············· 130

（二）后备种母鹅的饲养管理 ············· 131

三、种公鹅的饲养管理 ············· 132

（一）种公鹅的体况要求 ············· 132

（二）种公鹅的饲养方案 ············· 132

（三）种公鹅的管理要点 ············· 133

四、种母鹅的饲养管理 ············· 134

（一）产蛋前期 ············· 134

（二）产蛋期 ············· 135

（三）休产期 ············· 136

五、种鹅的配种适宜年龄、公母配备比例及利用年限 ······· 137

六、鹅配种方法 ············· 138

七、提高鹅繁殖力的主要措施 ············· 138

（一）加强选种选配 ············· 138

（二）配种前补饲 ············· 139

（三）精心饲养管理 ············· 139

（四）优化鹅群结构 ············· 139

（五）提高种蛋孵化效果 ·················· 140
八、鹅的反季节繁殖技术 ·················· 140
（一）鹅反季节繁殖生产的概念和优势 ·········· 140
（二）鹅反季节繁殖关键技术 ············· 141
（三）鹅反季节繁殖的配套技术 ············ 142

第十章 鹅常见疾病的防治 ················ 146
一、鹅疾病的预防和控制措施 ··············· 146
（一）养殖场要严格执行消毒制度，杜绝一切传染
来源 ······················· 146
（二）加强饲养管理，科学饲养 ············ 150
（三）制定免疫程序 ················· 150
二、鹅的常见病防治 ··················· 151
小鹅瘟 ······················ 151
禽流感 ······················ 153
鹅副黏病毒病 ··················· 155
水禽鸭传染性浆膜炎 ················ 156
禽霍乱 ······················ 158
禽副伤寒 ····················· 160
鹅的鸭瘟病 ···················· 161
鹅大肠杆菌性腹膜炎 ················ 163

第十一章 果园林地生态养鹅经营管理 ········· 165
一、制订生产计划和养鹅周期 ··············· 165
（一）制订切实可行的生产计划 ············ 165
（二）生产周期的制定 ················ 165
二、利用好当地资源，降低饲养成本 ············ 166
三、适度规模养殖，扩大经济效益 ············· 166
（一）规模养鹅专业户应具备的基本条件 ········ 166

（二）养鹅的适度规模 …………………………………… 167

（三）林下生态养鹅效益提升的关键点 ………………… 167

四、建立和发展养鹅专业合作社，对接市场，降低养殖

风险 ……………………………………………………… 168

（一）"公司＋基地＋农户"生产经营模式 …………… 169

（二）"公司＋基地＋专业合作社＋农户"生产模式 … 169

（三）"养殖专业合作社（养殖协会）＋养殖户"生

产模式 ………………………………………………… 170

（四）"公司＋农户"模式 ……………………………… 170

（五）"公司＋专业合作社＋农户"模式 ……………… 171

参考文献 ……………………………………………………… 172

第一章

概 述

一、林下生态养鹅的概念

鹅是草食家禽，以吃草为主，吃粮为辅。民间有"鹅吃青，不吃荤"的农谚，它对青粗饲料的粗纤维消化能力可达50%左右；在饲料中，青粗饲料占日粮60%～70%，即能满足其生长发育、产肉、产蛋的需要。鹅具有很强的生活力和适应性，抗病力比较强，疾病较少，用药少，因此鹅肉属绿色安全食品，有益于人体健康；2012年世界卫生组织发布的肉类健康排名，鹅排第一，鸭排第二，鸡排第三。肯定了鹅肉是脂肪含量低的健康肉，是21世纪真正的绿色动物食品。鹅早期生长发育快，饲养周期短，经济周转快，全身是宝，综合开发利用价值高；能充分利用青粗饲料，耗料少，不与人争粮；养鹅具有饲养设施比较简单，投资比较少等特点，在畜禽养殖业中，鹅具有独特的优势，具有广阔的发展前景。

鹅的养殖方式主要有舍饲圈养（主要用于饲养种鹅）、网上平养（主要用于集约化的商品肉鹅养殖）和放牧生态养殖3种模式。在本书里，着重介绍的是林下放牧生态养鹅模式。

生态养鹅是一种与现代集约化网上养殖不同，是一种完全回归自然，实行野外放牧的饲养方式。把鹅从圈舍笼栏中释放出来，充分利用草地、林地、果园等放牧饲养，协调好种养比例，让其在野外自由健康的生长。选择优良的鹅种，可采取圈舍栖息与山地放养相结合的方式，将育雏脱温后的仔鹅放牧在林下、果树下等田间野外，以自由采食昆虫、嫩草和各种子实为主，人工补饲配合饲料为辅，让鹅在空气新鲜、水质优良、草料充足的环境中生长发育，享有自由运动的空间和权利。生态养鹅放弃了高速生长的数量指标，让鹅顺其自然生长；放弃高产量换取高品质，其免疫能力形成与生长速度和谐同步，自身抵抗力、免疫力增强，健康无病，从源头上保证了禽肉的安全性和独特风味，从而生产出绿色天然优质的商品鹅及其蛋品。

林下生态养鹅模式主要就是在不占用耕地的前提下，利用林间丰富的牧草和杂草放牧养鹅，实现天然健康养殖；还可省去果林除草剂费用，减少人工投入，降低环境污染，同时可利用鹅产生的粪便与吃剩的草渣、树叶等，快速补充土壤养分，促进林木和林下牧草生长。此外，树林还能减少阳光直射，降低鹅舍内外温度，整体实现循环养殖。

生态养鹅根据放牧地的不同，可分为林下养鹅、果园养鹅、桑园养鹅、荒山草坡及草原养鹅等多种模式。

二、林下生态养鹅的特点

林下生态养鹅概括起来有如下特点。

（一）林下生态养鹅是以放牧的方式去养鹅

林下生态养鹅就是把鹅群放养在林下或果树下，让鹅群自由活动，自由采食，是一种与舍饲、网上养殖完全不同的养殖方式。

（二）林下生态养鹅是种养结合的生态循环农业，是一种循环经济

鹅是草食家禽，俗话说"鸭吃荤，鹅吃素"，同样是水禽，与鸭子相比，鹅是个吃草的"素食主义者"。吃草就意味着能够节省

精饲料，省了精饲料也就是省了钱，因此鹅是一种节粮型家禽。

林下养鹅与其他养殖相比，更经济实惠，效益更明显，特别是在果园下养鹅，如数量合理，它既可代替人工除草，鹅粪又可给果园增加肥力，同时还对一部分必须在土壤中完成生活史的害虫起到抑制作用，一举多得。这就形成了一个良好的生态循环，是种植业与养殖业相结合的典范。

（三）林下生态养鹅不需要建造标准鹅舍，投资少、成本低、养殖效益更高

比起舍饲，林下养鹅在饲养管理上轻松很多。不需要标准的鹅舍，农户们可以利用自家闲置的仓房，或在庭院、果园、林下搭建简易的棚舍。所以，在人员和基础设施方面节省了不小的支出。林下养鹅减少了耕地占用，提高了土地的利用率，降低了投资成本，同时还弥补了植树造林收益周期长的不足，并给鹅群提供了良好的生活环境。另外，在养殖上可以充分利用鹅吃草的生理特性，以草养鹅，加大青饲料的供给，节约了精饲料，饲料成本下降，养殖收益增加。

三、林下生态养鹅的必要性和现实意义

（一）生态又环保

发展生态农业，生产绿色产品，保护环境是今后养殖业发展的主要方向。林下养殖是一种生态养殖，能够提高生态环境质量，有很强的自净能力，可以在很大程度上减轻生产活动对生态环境的干扰，同时生态养殖注重恢复和提高土壤的肥力，减少化肥和农药的用量，土地退化和生态环境污染能够得到控制，农业与农村生态环境持续得到改善。此外，生态养殖能够确保农产品的安全性，提高生态系统的稳定和持续性，增强农业发展后劲。

（二）林下生态养鹅是实现"动物福利"的最好体现

生态养鹅就是利用自然场地、水源、青草让鹅群能够自由自在地活动、采食、饮水、洗浴。而不是把鹅群集中养殖在一个人为封闭的小环境内，限制鹅的活动和觅食范围，只能采食人工采集与配制的饲料。生态养鹅能够为鹅群提供开阔的活动场所、觅食场所，能够满足鹅的许多生物学习性，更大程度地符合"动物福利"的相关要求。由于活动场所宽阔，单位面积内鹅的数量少，对环境的污染和破坏程度很低，甚至是零污染或破坏。

而人工集约化养殖常常由于单位空间内鹅的饲养数量过大，排放量超出了自然消纳能力；需要消耗大量的粮食及加工副产品等有限的饲料资源；同时，集约化养殖影响鹅群健康，容易产生疾病，增加产品中药物残留风险。

（三）我国林地、果园资源丰富，极具发展林下生态养鹅的有利条件

我国地域辽阔，林地、果园资源非常丰富，我国是世界水果生产大国，总收获面积和产量以及多种水果的产量均居世界首位，我国苹果、柑橘和梨的生产排名世界前三。到 2010 年，全国果树种植面积达到 1 154.4 万公顷，产量 24 057 万吨，已连续 10 多年保持了世界水果第一大国的强势地位。水果业已成为种植业中继粮食和蔬菜之后的第三大产业，是我国农村经济发展的支柱产业之一，也是农民就业、增收的重要途径。

利用丰富的果园提供的层次空间种草养鹅，实行果（林）—草—鹅立体经营，提高果园、林地水、热、光和土地资源的综合利用率以及果园、林地经营效益是果园经营者需要面对的现实问题。充分开发利用果园、林地、草地，发展节粮型畜牧业，实行种植业与养殖业的有机结合，是实现果园、林地效益最大化的根本途径，具有巨大的发展潜力和挖掘空间。

（四）林地、果园生态养鹅是一种互相促进的高效益种养模式

随着我国退耕还林还草工程的开展和推进，林下空地和草地逐渐增多，防火、防虫的需求也随之加大。林下生态养鹅，不仅解决了林地、果园的防火防虫，增加了养殖收益，同时还能减少化肥、农药的使用，涵养了土地，互作效应非常显著。具体益处如下。

1. 鹅既能除草，又能灭虫，是果园最好的生物除草、防虫利器　鹅是草食家禽，有取食青草和草籽、虫子的习性，对杂草有一定的防除和抑制作用。单纯经营的林地、果园，杂草生长旺盛，每年的除草剂费用、防虫费及人工费用是一笔不小的开支。实行林地、果园养鹅，鹅在果园觅食，可把果园地面上和草丛中的绝大部分害虫吃掉，从而减轻害虫对果树的危害，省去除草灭虫的费用。

2. 可提高果园中土壤的肥力，减少肥料投入　生态养鹅，需要放养场地内自然的植被能够为鹅群提供比较充足的天然饲料资源，同时鹅群生活过程中产生的粪便能够作为自然植被的有机肥被充分利用，促进植被的生长。由于生态养鹅模式中，鹅群的活动空间大，单位面积地面上粪便排泄量少，容易被消纳和利用，解决了集约化养殖粪便、污水产生量大、易造成污染的问题。据分析，1 只鹅 1 年所产鹅粪含氮肥 1 000 克、磷肥 900 克、钾肥 510 克。如果按每 667 米^2（亩）果园养 20 只鹅计算，就相当于施入氮肥 20 千克、磷肥 18 千克、钾肥 10 千克，这样既提高了土壤的肥力，促进林木、果树、林下牧草生长，又节约了肥料，减少了投资，降低环境污染。

3. 极大地节约了饲养成本，同时提高了土地的利用率　鹅是草食家禽，食物以草为主，放养鹅群自由觅食，可减少一半左右的饲料投入，提高效益。同时，能源投入可节约 50% 左右，设备投入可节约 80% 左右。

4. 可以防止水土流失　林的功能在于地上和土壤深层，主要作用于地面上 50～60 厘米内，地面下 40～50 厘米内的防止作用不如草，因此草与林相辅相成作用更好。在林地、果园种草养鹅，既养了鹅，增加了经济收入，又可保持水土。

（五）不与人争地争粮，适合我国国情

我国人多地少，13 亿人，9 亿农民，人均耕地仅 927 米²（1.39 亩），土地资源短缺；农户生产经营规模小、投资少，组织化程度低，文化、知识、科技水平低。鹅的生活力、抗逆力比较强，耐粗放，饲养设施比较简单，投资比较少，且以青粗饲料为主，耗料少、疾病少、用药也少，饲养成本比较低，可以与农、林、果、鱼协调发展，不与人争地、争粮，产生良好的生态经济效益。

鹅既能规模饲养，也能小群分散饲养，投资可多可少，规模可大可小，很适合农村饲养，特别适合老区农村饲养。鹅早期生长快，商品鹅饲养周期短，一般 70～80 天即可出栏上市，经济周转快。农鹅兼业户，1 年可养 3～4 批商品肉仔鹅，正常情况下，每只肉仔鹅可盈利 6～10 元，按平均 8 元计算，每批 500 只，可盈利 4 000 元，1 年 3 批可盈利 12 000 元；专业户 1 年可养 4 批，每批平均 1 200 只，1 年可盈利 38 400 元；专业户养肉仔鹅可以与养种鹅相结合，1 户养种鹅平均以 100 只计算，每只种鹅年平均产种蛋 60 枚，以每枚种蛋平均 2.8 元计算，每只种鹅的收入 184 元，总收入为 18 400 元。

根据我国的自然生态条件，农区和半农半牧区 70% 以上的农户都可以养鹅，以产业化生产经营模式发展现代养鹅产业，让农民就地就业，返乡创业，让农民脱贫致富，从而维护农村稳定，促进新农村建设快速发展。

（六）生态养鹅有利于粮食安全

国以民为本，民以食为天，粮食安全是我国农业重要话题。由

于我国人多地少，农业资源短缺的特有国情的制约和工业化、城镇化速度加快，人增地减趋势明显，人民生活水平日益提高，粮食消费需求日益增加，粮食安全问题突出。

解决粮食安全问题有两个途径。一个是增加产量，一个是合理消费。消费粮的主体是人和养殖畜禽。目前，我国动物饲料用粮约占全国粮食总产量的30%。发展畜牧业最大限制性因素是饲粮不足，如何解决粮食安全与发展畜牧业的矛盾，成为我们面临的重大而迫切的课题。专家建议大力发展节粮型畜牧业，切实改变人畜共粮的传统，实施人畜分粮的产业政策，让有限的粮食供养日益增长的人口，促进社会协调发展。国家适时出台了"稳定猪、鸡生产，大力发展草食动物"（牛、羊、鹅、兔）的畜牧业结构调整政策，收效日益明显。以鹅为例，养鹅以青粗饲料为主占60%左右，饲料粮食占40%左右，而猪、鸡、鸭则需70%左右，鹅早期生长快，肉仔鹅70天左右活重可达3千克，1只种鹅1年可以提供35只雏鹅，能产出100千克肉仔鹅，是种鹅自身体重的23倍多。鹅耗料少，肉料比为1∶0.8～1.5，而猪的肉料比1∶3.5～4.5，肉鸡的肉料比1∶2～2.5，肉鸭的肉料比1∶2.6～2.8。养1头猪所需的饲料可养100只肉仔鹅，产肉量是猪的3倍。地方黄牛2年活重约为300千克，年产肉不到70千克，而1只母鹅年繁殖生产的商品鹅产肉量超过1头黄牛。发展肉鸡投资比较多，疫病风险比较大，生产等量的肉，肉鸡耗料量是鹅的2倍多。所以，因地制宜，大力发展养鹅业，不仅可以把人们不能利用的植物茎、叶、秆等含有丰富蛋白质、脂肪、碳水化合物的绿色营养体转化为人类营养保健所需要的优质鹅肉，提高人体健康水平，同时还可与林、果、渔生产相结合，协调发展，形成良性生态循环。

（七）生态养鹅，是减少动物疫病增加、药物残留、养殖污染等的良好途径

由于集约化养殖所引起的饲养环境改变、疫病威胁、应激、营

养限制等问题，都需要大量的药物和饲料添加剂的应用，由此带来的药物残留等安全问题日益突出，家禽产品品质日益下降，失去了自身的风味，直接危害人体的健康及生命。与此同时，集约化养殖场大量的粪便、污水、恶臭和有毒有害污染物集中在有限的土地上，对生态环境造成了严重的损害，使生态恢复周期大大延长，正上升为新的环境问题。

要解决上述问题，种养结合的家禽生态养殖模式无疑是一种非常好的途径。林下生态养鹅就是一种复合型的生态种养模式。种养结合就是把种植业和养殖业结合在每个农户中，结合在每块农田里，结合在每片果园林地中，把养殖活动从农民的庭院里迁移出来，农户将养殖活动分散在各自承包的田间地头或林地里，种养业有机组合在一起，不再污染村庄庭院环境。

四、林下生态养鹅的市场前景

养鹅业是目前我国养殖业中产品质量高、效益好的产业。鹅适应性强，以吃青饲料为主，生产设施简单，养殖成本低。猪、鸡、鸭等畜禽的饲养成本中饲料约占70%，而鹅可利用廉价的青饲料，故生产成本中饲料仅占50%。鹅的疾病少，药物费用低，且养鹅可与林、果、渔生产结合协调发展，形成良性生态循环，故在消费者心目中已逐步将鹅肉列为绿色、安全食品，消费量增长速度较快。

（一）鹅的消费市场供不应求，发展前景广阔

中国不仅是养鹅生产大国，而且也是鹅产品消费大国，我国养鹅数量和消费量均位列世界第一。目前，我国鹅的市场需求处于供不应求状态。我国对鹅的年需求量在8亿只左右，近年来鹅饲养量虽然发展很快，但实际生产只有5亿只左右，缺口3亿只，距全国13亿多人口平均每人每年1只的水平还差很远。所以，鹅市场发展潜力不仅很大，而且前景非常广阔。

我国养鹅业具有明显的区域性，主要集中在江苏、浙江、安徽、河南、广东、山东、福建、东北三省、四川、重庆等地。同时，鹅产品消费也有明显的地方特色，消费主要集中在我国南方地区，在南方素有"无鹅不成席"的说法。分析鹅的消费习惯，从南到北，广东省的鹅消费主要集中在汕头地区，以食肉为主，节日、红白喜事和待客是消费主导方式。市场加工鹅主要是红烤和白切；鹅头、鹅脚在饭店销售价格高，属高档食品。鹅的深加工产品不断在开发。福建、浙江、江西等省（市）的消费以红烧鹅为主，加上一些麻辣风味，近年来消费不断增加；传统的腊鹅是广大农村消费的主导，长盛不衰，是逢年过节农家餐桌上的主菜；江苏省的消费主要分两个部分，一是以常熟（包括常州、南京等市）为代表的红烧鹅；二是以扬州盐水鹅为代表的卤菜，仅扬州市就有2100多个盐水鹅摊点，全市盐水鹅年消费量达1600万只以上。近几年，扬州部分企业开发的传统风味鹅加工企业快速发展，3年多时间内，已发展到了40多家，年加工量达8000万只以上，并向周边地区发展，产品销往全国20多个省（市）。

据预测，仅广州市年需要鹅高达7000万只，上海年需要鹅在2000万只左右，香港每天需要10万只鹅。近几年，鹅肉消费有进一步扩大的趋势，不再局限于南方各省，北方也出现吃鹅肉热潮，如北京、辽宁、吉林等省（市）烤鹅店已出现排队等候就餐的局面。仅长春市南郊一家烤鹅饭店每天消费肉鹅就达700多只。全国各地许多大中城市的宾馆酒楼都有鹅肉，在广州几乎每条街都有烧鹅店。

由于鹅肉脂肪、胆固醇含量比鸡、鸭低，一些经济发达国家视鹅肉为美味和保健品。在法国，鹅肉价格是鸡肉价格的3倍，东欧一些国家鹅肉价格是肉鸡价格的2.5倍，法国有个说法"穷人吃鸡，富人吃鹅"。鹅的其他产品更加昂贵，如鹅肥肝每吨3.5万～4.5万美元，羽绒价格每吨8万～8.5万美元，鹅胸肌每吨3500美元。鹅肉在西方主要产品是烤鹅，主要用于圣马丁节、圣诞节等的消费。另外，分割肉用于家庭聚会或接待尊贵客人。肥肝生产中取肝后的鹅肉用于烤鹅、分割肉和鹅肉香肠、罐头等制作。目前，大部分鹅肉生产国已经从整胴体方式出售转为分割肉销售，并把多余的脂肪用于香料制造业。

（二）符合人类追求营养绿色、健康食品的需要

经过对鹅肉营养成分分析，鹅肉中粗蛋白质含量 22.3%，鸭肉为 21.4%，鸡肉为 20.6%，牛肉为 18.7%，羊肉为 16.7%，猪肉为 14.8%。鹅肉含有人体必需的各种氨基酸，其组成接近人体需氨基酸，其中赖氨酸和丙氨酸含量高于肉仔鸡 30%，组氨酸高出 70%；富含人体必需的多种维生素、微量元素和矿物质；脂肪含量低于其他畜禽，鹅肉中脂肪含量为 11.2%，而猪肉脂肪含量为 28.8%，羊肉为 13.6%，且鹅肉脂肪熔点低，质地柔软，容易被人体消化吸收，其不饱和脂肪酸含量高，特别是亚麻酸远高于其他肉类。因此，鹅肉于 2002 年被联合国粮农组织列为 21 世纪重点发展的绿色食品之一，林下生态放养的鹅更符合国际社会倡导的"动物福利"原则，鹅产品更加绿色、环保、健康，也更具市场竞争力。

（三）随着人们健康与食品安全意识的提高，生态化畜禽普遍受到青睐

在当今世界，健康与安全成为人们关注的主题，无公害食品、绿色食品、有机食品是世界食品发展方向。纯天然，无公害，低残留，营养丰富，色、香、味俱佳是消费者永远追求的目标。自然状态下散养的畜禽产品在全球范围内受到消费者的追捧，散养的土鸡、土鸡蛋、土鸭和鹅更受青睐。

在国外，畜禽消费情形也大致相同。据专家估计，德国虽然近年来牛肉销售量下降了 50%，但放牧生产的牛肉销售量增加了 30%。法国一方面生产现代化、机械化程度很高，一个 10 万只规模的养鸡场，仅有 3～5 个人；另一方面，采用传统饲养方式的地方优质种畜种禽饲养占很大比例，如著名品种夏洛莱牛、美利奴羊和

布雷斯鸡等，皆是以传统放牧饲养方法为主，其产品在欧盟长期保持很强的竞争力。日本和韩国，只有本地放养生产的牛肉才定为高档牛肉。在我国，传统方式生产的畜禽产品，价格高过集约化、工厂化养殖生产的产品。

禽流感过后，业内众多人士主张全盘集约化，但我国著名养猪专家，中国畜牧兽医学会养猪学分会理事长王林云教授指出：应该合理布局养殖生产基地，把养殖场办到山区、半山区、远离人居的地方，降低饲养密度，减少笼养，提倡放牧与散养。由此可以看出，生态养殖是在集约化养殖陷入困境下产生的，是顺应时代潮流，具有无限生命力的一种养殖方式，必将是未来养殖业发展的一个重要方向，更是我国畜牧业由数量型向质量型转变的根本途径。

（四）国内外生态养殖持续增长，有强大的生命力

在发达国家，"人道化"的养殖方式越来越得到重视，笼养蛋鸡呈现显著下降趋势。2004 年，瑞士已通过立法禁止蛋鸡笼养和出售或进口笼养蛋鸡，美国已经有两个州立法禁止蛋鸡笼养。2010 年荷兰动物保护组织对本国各大超市展开了新一轮暗访后，并未发现"笼养鸡蛋"的踪迹。2010 年英国散养鸡生产的蛋在英国的鸡蛋市场已占据了过半（52.6%）的市场份额，2012 年，欧洲已经禁止使用层架式鸡笼。2015 年 12 月雀巢集团宣布，在未来的 5 年，它们要逐步把供应美国市场的产品所使用的鸡蛋全部换成"非笼养鸡蛋"。快餐连锁业也都发表了类似的声明，麦当劳在 2015 年 9 月宣布，在美国和加拿大的 16 000 家餐厅，会在未来 10 年内逐步改为提供"非笼养鸡蛋"，而汉堡王承诺的时间点则是 2017 年。许多国家的非笼养蛋鸡和肉鸡的份额处于不断增长之势。

在美国，生产散养鸡蛋的母鸡并不是直接养在室外，或常常在室外散步，美国农业部做出的规定只要求它们不间断跟室外接触。放到现实中就是：成千上万只母鸡被饲养在一个很大的鸡舍里，只

有一扇或几扇开着的门，实际上相当于饲养在仓库里。"无笼放养"跟"散养"十分类似，虽然听起来"散养"比"无笼放养"更自由，不过两者唯一区别在于是否打开门提供室外通道。但必须承认，散养确实是一大进步，只是没有预想中那么大而已。

我国的散养家禽才是真正意义的散养，家禽直接养在室外或野外。特别是近年来兴起的林下养禽、生态放牧养禽，更是最高级别的生态散养。由于放养家禽采食了牧草、昆虫等天然饲料，这类似于有机生产，属于高端禽产品。生态养鸡、生态养鹅在我国广泛开展，蓬勃发展，遍布全国各地，并呈现出强劲的发展势头。生态养禽经过几年的发展，已形成了田地放养、果园放养、茶园放养、林—草地放养等多种模式，形成了"禽除草吃虫，禽粪肥田"的良性生态循环，既解决了农村发展规模养殖带来的环境污染问题，又使山地、林地等资源得到充分利用，取得明显的经济效益和生态效益，具有强大的生命力。

（五）林下生态养鹅，属于草食型、节粮型畜禽业，具有广阔的发展前景

我国是一个人多地少的国家，人均占有耕地面积只有 800 米^2（1.2亩），而且还在不断减少，而世界人均占有耕地面积 3 669 米^2（5.5亩）。目前，全国平均每年增加 1 500 万人，耕地减少 40 余万公顷，而粮食单产又难以提高，故近几年人均粮食产量已呈下降之势，每年都在 400 千克以下，美国却已达到 1 750 千克，加拿大 2 150 千克。国际上公认的粮食过关标准为人均年占粮 500 千克，我国还未达到过关标准。另据报道，2010 年我国能量饲料缺口为 4 300 万～8 300万吨，蛋白质饲料缺口为 3 800 万吨。因此，通过增加粮食生产发展畜牧业来增加动物性产品的可能性越来越小，饲料粮的短缺已成为制约我国畜牧业发展的重要因素。

目前，我国栽培饲草的面积仅占饲草总面积的 5%，生产的肉类中仅有 5% 是由饲草转化而来。而我国具有丰富的种植饲草的土

地资源和饲草品种资源，如南方可利用的冬闲稻田有 1 080 万公顷，黄淮海地区还有 3.3 万公顷冬闲棉田，北方干旱区有 667 万公顷的夏闲田，还有 667 万公顷的果园隙地、"四边地"等，共计有 2 600 余万公顷非草原性的可用于种植饲草的土地资源。另外，国家近几年来开始实施的西部大开发战略，大量坡地及其他不适合耕种的土地将退耕还林或退耕还草。

养鹅是节粮型畜牧业，对粮食的依赖性小，可合理利用自然资源。我国鹅品种资源丰富，鹅的产蛋性能处于国际领先水平，其丰富的种质资源可基本满足养鹅生产发展的需要。我国地域辽阔，草地资源丰富，适合养鹅的饲草品种很多，有黑麦草、鲁梅克斯、三叶草等，各地可根据其供草季节的不同交替饲喂：如黑麦草和红三叶、白三叶交替，3～10 月份饲喂红三叶、白三叶，11 月份至翌年 2 月份喂黑麦草，可保证鹅常年有青绿饲料。另外，广大农村在长期放牧的养鹅生产中积累了丰富的经验，使种草养鹅技术及优良鹅种容易推广。

五、生态养鹅在全国的发展概况

我国是水禽生产大国，水禽产量占世界的 60% 以上，其中鹅的产量占世界总产量的 90% 以上。养鹅是我国的传统、特色养殖业。近 2 年来，我国鹅业发展尤为迅速，中国畜牧业协会根据 FAO（联合国粮食及农业组织）近年的数据推算，2015 年，我国鹅出栏数量近 5 亿只，在国际上占有优势地位，已成为我国出口创汇和农民增加收入的支柱产业之一。

近年来，我国养鹅的生产模式和结构发生了巨大变化，养鹅由最初的以农户散养为主体，发展到现在的规模化集约化饲养和规模化生态放牧饲养并存的阶段。规模化集约化养鹅采取舍内地面平养和网上平养模式，这两种模式相对于林下生态放养来说，需要投入更多的房舍成本和饲料成本，而生态放养模式由于其投资少、生产运作简便易行,在最近几年得到了快速发展。

目前,生态养鹅在全国各地发展势头良好。以前养鹅主要集中在南方各省,现在西北、东北大部分省份都养鹅,大多为草原牧鹅。饲养规模小的几百只,大的几万只。生态养鹅类型非常广泛,主要有苗木基地、各类果园、橡胶园、甘蔗园、茶园、生态林、河滩、荒山坡地、盐碱地、冬闲田种草养鹅等类型。生态放养商品肉鹅,比舍内网上平养鹅更具市场竞争力,销售价格更高。生态养鹅能够因地制宜,充分利用当地环境资源条件,规模可大可小,饲养棚舍可简可精,饲养人员老少皆宜,是农民增收致富的有效途径。

第二章
林下生态养鹅的多种模式

林下养鹅按林地类型分为落叶林养鹅、常绿林养鹅、幼林养鹅3种模式。

落叶林（果林）养鹅：在每年的秋季树叶稀疏时，在林间空地播种黑麦草，到翌年3月份开始养鹅，实行轮牧制，当黑麦草季节过后，林间杂草又可作为鹅的饲料，鹅粪可提高土壤肥力。如此循环，四季皆可养鹅。

常绿林养鹅：主要以野生杂草为主，可适当播种一些耐阴牧草如白三叶等，以补充野杂草的不足，一般采用放牧的方式养鹅。

幼林养鹅：可利用树木小、林间空地阳光充足的特点，种植牧草如黑麦草、菊苣、红三叶、白三叶等养鹅，待树木粗大后再利用上述两种方法养鹅。

无论何种形式的林地养鹅都应注意要适当补充精饲料，以满足鹅生长发育的营养需要。注意在果树施药期间，停止放养。对于林地面积较大的林园可将鹅棚搭建在林中，既减少土地的占用，又方便管理。

按养鹅的目的和形式可分为生态林规模化养殖、特殊经济林养鹅、利用天然放牧地养鹅。

生态林规模化养殖肉鹅，主要用于除草、除虫、施肥，产出优质肉鹅供应市场。一般林地面积达67公顷以上，杂草较多，肉鹅育雏结束后，在林地中以划区轮流放牧为主。

优质果桑、特殊经济林和养鹅生产结合。管理良好的果园、桑园，杂草清除较好，土地肥力充足，可以种植百喜草、黑麦草、三叶草等，放牧养鹅，鹅粪肥果桑，牧草和牧鹅结合防治杂草、害虫；既提高了果桑的品质，又可以收获肉鹅。为了保护果桑，有的季节只能刈割园地牧草饲喂鹅只。

利用可以放牧养鹅的天然场地，生态养殖鹅，增收创收。如草原养鹅、荒山荒坡养鹅、冬闲田养鹅等。

按养鹅场地类别生态养鹅模式如下。

一、生态林养鹅

生态林是指为维护和改善生态环境，保持生态平衡，保护生物多样性等满足人类生态、社会需求和可持续发展为主体功能的森林、林木和林地，主要包括防护林和特种用途林。特别是在退耕还林工程中，营造以减少水土流失和风沙危害等生态效益为主要目的的林木，包括水土保持林、水源涵养林、防风固沙林以及竹林等。生态林主要以榆树、柳树、槐树、杨树、松树、落叶松、杉木等各种乔木和茅栗、野山楂、冬青等各种灌木树种为主。生态林经营主要是利用自然地力形成和恢复林分植被，禁止采取大面积的垦复、松土、割灌、除草等抚育措施。生态林养鹅主要是利用林中杂草及空地养鹅。

生态林养鹅要点：由于生态林地要求不能松土、垦复，因此不能大面积种植牧草，只能充分利用生态林面积大的优势，采取划区轮牧的方式，让杂草有休养生长的机会。根据林地大小，可以划分为5～6个相互隔离的区域，适当减少林地单位面积的载鹅量，即降低放鹅密度，并每天适当补充精饲料，以满足鹅的生长需要。同时，要做好防鼠防害措施，并将放牧边界围起来，以防鹅只走失。

二、经济林养鹅

经济林是指在退耕还林工程中，营造以生产果品，食用油料、饮料、调料，工业原料和药材等为主要目的，能创造经济效益的树林。主要包括经济价值较高的各种果树、茶树、木本粮食作物、木本油料作物和特种经济林木等，如苹果、柑橘、香蕉、犁、桃、橙、柚子、茶叶、柿、枣、核桃、板栗、橡胶、油桐树、漆树林以及各类药用林和桑叶林等树林。经济林在我国绝大多数省份都有分布，因此经济林养鹅也最为广泛。

经济林养鹅要点：

一是放养地要划区轮牧。果园、林地在放养小鹅前，要将土地分成几块，用网隔开，分区牧鹅。当小鹅放入其中一块时，其他区域任杂草生长，视长势可提供肥料促其生长，当放牧地块的杂草或牧草吃完后放牧到杂草或牧草长势好的地块。划区轮牧，保证了鹅所需要的青饲料。

二是防止果树喷农药对杂草的污染。果园管理有一套完整的操作规程，除正常的松土、排水灌溉、补充肥源、整形修剪外，病虫害防治是确保果实优质丰产的主要环节，而控制病虫害的重要手段就是喷洒农药，农药又会对林下的杂草造成污染。避免农药污染有效的经验做法是：使用对鹅无毒害的低毒生物农药；防虫药尽量早喷，也可利用林下杂草轮休期进行喷洒。

三是树型利于鹅活动空间。果树在修剪时要适当的上抬枝下高，并对下垂枝进行短截，给树木的下部留出空间，便于鹅的活动，也有利于果实的保护。许多病害是通过雨点落入地面溅起的水花而传播到枝干或果实上的，挂果枝适当提高，可避免这一情况的发生。

林下养鹅与其他养殖方式相比，更经济实惠，特别是果园养鹅，如饲养数量合理，它既可代替人工除草，又可给果园增加肥力

（鹅粪）；同时，还对一部分必须在土壤中完成生活史的害虫起到抑制作用，一举多得。

三、草场养鹅

我国的天然草原主要位于内蒙古和新疆，吉林、辽宁省内也有一些草原，我国开展草地放牧养鹅的大多集中在这几个省份。

内蒙古呼伦贝尔草原东起大兴安岭西麓，西邻中蒙、中俄边境，北起额尔古纳市根河南界，南至中蒙边界，东西 300 千米，南北 200 千米，总面积约 10 万千米^2，天然草场面积占 80%。波状起伏，坡高平缓，一般海拔为 650～1 200 米，有天然种子植物 653 种，菊科最多。牧草茂密，每平方米生长 20 多种上百株牧草。

新疆伊犁草原，无论是声名在外的那拉提，还是后起之秀的唐不拉，抑或是传统的牧场巩乃斯，伊犁草原均展现出超然绝美的气质与外表。伊犁河谷是如此的卓尔不群，逶迤千里，生机无限。

内蒙古锡林郭勒草原，位于内蒙古自治区锡林浩特市境内，面积 107.86 万公顷，1985 年经内蒙古自治区人民政府批准建立，1987 年被联合国教科文组织接纳为"国际生物圈保护区"网络成员，1997 年晋升为国家级保护区，主要保护对象为草甸草原、典型草原、沙地疏林草原和河谷湿地生态系统（图 2-1）。

新疆乌鲁木齐市大约有草原 100 万公顷，草甸草原、高寒草

图 2-1　草原养鹅

原都有，大概有 8 个类型，其中荒漠草原、草原化荒漠占到 71%
左右。

从草原保护和防治草原鼠、虫害角度说，国家已经不提倡使用
农药来杀灭蝗虫等虫害。因为大量使用农药会造成环境污染和药物
残留，对其他益鸟、益兽，甚至家畜都会产生很大的危害。因此，
国家和自治区倡导和积极推广使用生物技术进行防治和灭鼠防虫
害。

四、冬闲田种草、种菜养鹅

冬闲田养鹅，主要是利用收割稻谷后的稻田或其他闲田，播
种优质牧草，用于刈割或放牧养鹅。这可充分利用农闲田，在不影
响原有农作物收成的情况下，既提高了土地使用率，又增加了农户
的经济收入。冬闲田种草养鹅在我国江苏、浙江等沿海省份开展较
好。例如，浙江省上虞市的丰惠镇有 80% 的冬闲田在冬季都被用来
种草养鹅，该镇是浙东白鹅的主要产地之一，镇里有将近 500 户农
民养鹅。农户买草种和鹅苗，等鹅长到 7 日龄就可以放在稻田里散
养，不但给养鹅户节约了成本，而且因为鹅是放养吃草长大的，所
以肌肉多脂肪少，风味好，售价更高。

冬闲田养鹅要点：水田在收割稻谷后，及时挖沟整田沥干水，
以便及时撒播牧草种子。牧草草种宜选用耐寒的冬季牧草，比如黑
麦草。面积大的田块种植牧草后，可围栏划区牧养，也可留一部分
草地作为刈割使用。草地、田块面积小的，可以刈割圈养。

五、荒山草坡养鹅

荒山草坡养鹅充分利用荒山草坡的土地资源，种草放牧养鹅。
一些农区的养鹅户在没有养殖场地时，就把目光瞄向了荒山草坡，
承包了大片荒山草坡，开展荒山种树、种草，林下生态轮牧养鹅，

获得了极大的收益。

荒山生态养鹅要点：可根据当地土壤及气候条件，种植一些适宜牧草，以保证鹅的青饲料需要，同时每天补充适当的精饲料。

六、生态养鹅成功实例

林下养殖一改过去"头痛医头，脚痛医脚""只输血不造血"的单一扶贫模式，变"漫灌式扶贫"为"滴灌式扶贫"，再到现在的精准扶贫。林下养殖瞄准了贫困户缺资金、少劳力的特点精准发力，用林下土地资源和林荫优势搞起来的种植和养殖，让产业发展"立体化"，使农、林、牧各业之间实现了资源共享、优势互补、循环相生、协调发展，不但解放了农牧民的双手，而且激发了贫困户脱贫致富的动力。下面是林下养鹅成功脱贫致富的实例。

[案例1] 树上红枣树下养鹅，种养结合增收多

地上种红枣，林下搞养殖。一样的土地，经过合理利用后，产生了不一样的效益。林下养殖是近年来民丰县实施精准扶贫的一个典型做法。新疆和田民丰县地处昆仑山北麓，新疆塔克拉玛干沙漠南缘。这里昼夜温差大、有效积温高，为发展以红枣为代表的林果业提供了得天独厚的条件。截至目前，全县共有林果业面积12万亩，其中红枣5.86万亩，核桃2.8万亩，红柳大芸肉苁蓉3.34万亩，家禽养殖50万只（羽）。大量的林地面积为发展林下养殖提供了广阔的空间，使民丰县林下养殖业得以快速发展。目前，全县有7个乡270户农牧民从事林下养殖，林下养殖使农牧民人均纯收入增加300余元。

"只花了900元，我就领回了100只鹅苗，你看才2个多月就长这么大了，这些鹅的本领可大呢，锄草、除虫、施肥的活它们都能干，大大节省了我的养殖成本；而且鹅粪还能熟化土壤，反哺枣树，这样种出来的枣子口感好，价钱都比别人高。这'扶贫'啊，真扶

到我的心坎里了。"萨勒吾则克乡萨热依村的村民高兴地介绍着。

　　萨勒吾则克乡农业经济办公室主任张永刚讲道，"林下养殖这种模式最大的特点就是瞄准了生态效益。你看家禽能吃掉林带里的草和虫子，这样农民就不用打农药，就不会有农药残留，而家禽的粪便又能腐熟土壤，农民就不用施化肥，这才是真正的绿色食品，实现了经济效益和生态效益双赢。"

　　"这些鹅在林中放养，通过大量运动，吃枣林里的杂草和虫子，摄取了天然矿物质，体质更健康，肉质更加紧致鲜美。所以我的鹅能比别人多卖 30 元，1 只鹅别处 90 元左右，我的能卖 120 元，每只鹅产蛋毛利润有 130 元，加上鹅在地里吃草能帮我省去人工锄草费、饲料费和肥料费 4 600 多元，1 年养鹅的收入就有 2 万多元。再说用鹅粪等农家肥种出来的枣子口感好，价钱也高，10 亩枣树我又比别人多赚 2 万多元，这样全部算下来我因林下养殖净增 4 万多元的收入。"尼雅乡英吾斯塘村的村民艾买尔江·阿尔都巴克讲起他的增收经验，高兴地无以言表。

　　如今在民丰县，像艾买尔江·阿尔都巴克这样因林下养殖脱贫致富的群众不在少数。近年来，民丰县委、政府按照"生态文化立县，特色产业富民"的发展战略，充分挖掘自然资源优势和农牧业内部潜力，大力发展立体农业。2013 年起在尼雅乡、若克雅乡、萨勒吾则克乡开始林下养殖试点工作，每个乡 20 户，每户补贴 5 000 元，当年养鹅人均增收 120 元，红枣人均增收 180 元，仅林下养殖一项人均增收 300 元。2014 年，县委、县政府扩大试点范围，将林下养殖扩大到 5 个乡、270 户农牧民，养鹅（鸡）4 万余只，并对条件成熟的红枣地（生长期为 3 年以上）进行围栏（4 亩地），修建了 40 米^{2}禽舍和 6 米^{3}水池。这些硬件设施的改善，为农牧民增收打下了坚实的基础，极大地调动了农牧民的积极性。目前，又有 500 户农牧民正在筹集资金，计划发展林下养殖业。林下养殖业已成为民丰县一个新的经济增长点。

　　"都说我们的红枣好，可只处于自然生产的状态，产业的附加值太低。而林下养殖这个项目将红枣和特色养殖有机结合，既产生生态效益又产生经济效益，真正做到'一把钥匙开两把锁'。"民丰县扶贫办负责人分析了林下养殖的优势。

据了解，为充分发挥农业资源丰富的自然地缘优势，延伸农业产业链，提高农产品的附加值，民丰县着力构建"立体农业产业链"，助推农业、林果业、特色养殖产业化经营，催生产业链经济，实现农产品高产、优质、高效，而林下养殖就是这种立体农业的先行者。截至目前，民丰县共发放林下养殖项目资金135万元，受益270户。同时，针对一些一般养殖户，扶贫办积极与信用社和乡政府沟通协调，达成贷款协议，与养殖户签订合同，采取政府担保、养殖户互保等方式，对养殖户进行资金扶持。有了政府的大力支持，解除了资金的束缚，大大激励了养殖户，使林下养殖得到长足发展。现在的民丰县，林下养殖俨然已成为当地农牧民增收致富的"聚宝盆"。

摘自《和田日报》

[案例2] 草原牧鹅助推脱贫

一大清早新疆昭苏县洪纳海乡的养鹅大户穆学军就组织周边的养殖户把鹅赶到了一起。收购商梁成武也早早地来到了草场，准备提前验货定价，为即将到来的销售旺季做好准备。

梁成武说："10月底，这个时候鹅都能达到我们收购的标准，3千克，现在活称1千克才12～15元，3千克以上就18～20元。"

再过1个月，养了4000多只鹅的穆学军少说也能卖上20万元。今年价格比去年要高出近1倍。

草原牧鹅是昭苏县的一项新兴的致富产业，前后不到3年的时间，年产值就超过了千万，可他的发展却有一段曲折的过程。

2004年，昭苏县把养鹅作为一个扶贫项目来发展庭院经济，穆学军当时也在院子里盖起了鹅舍，开始养殖。可是第二年突然降临了一场灾难。

穆学军："柏油马路上黑乎乎的一片，车压过去，啪啪地响，我仔细一看全都是蝗虫。"

2005年5月大批的蝗虫入侵昭苏县，所过之处草原变得一片枯黄。在当地政府的提议下，村民将家禽都赶上草场，打响了一场草原保卫战。也正是这次经历让穆学军增长了不少的见识。

穆学军："听说内蒙古有在草原上放养鸡的，都叫它草原鸡，草场蝗虫也多，鸡就吃蝗虫。"我想人家弄出个草原鸡，既吃了害虫又省下了饲料。如果自己把鹅也放养在草场，不也能节省下大批的饲料。何况家门口的这片草场还有充足的地下泉水，正好适合鹅的生长。打定了主意，穆学军在2006年一下购买了1000多只鹅苗，做起了巴拉克苏草原上的第一个牧鹅人。但很快他的这个举动就成了大家争论的焦点。

穆学军："有人说你放那么多鹅在草场上，会被黄鼠狼吃，被狗叼，被狐狸袭击，小鹅怕被淋湿，被冰雹砸……你这家伙疯了。"

然而，穆学军已经打定主意，每天早上他带着鹅群进入村口的草场，吃饱喝足，傍晚的时候再赶回家。1000多只鹅几个月下来不但1只也没少，还一下子卖了5万多元钱。眼看着穆学军不到半年的工夫就赚了这么多钱，周边的村民都盘算了起来，第二年不约而同都购进了鹅苗饲养起来。

米兰一家在2007年5月买了5000只鹅苗，随着大伙一股脑地赶到了草原。村口这片原本宽敞的草场一下显得越发的拥挤，清澈的泉水1个月下来也变得浑浊不堪。更让大家头疼的是接下来的2个月，草原居然没有下一场像样的雨。

米兰："干旱的年成，草也不长，你说每家每户都养鹅，我们家就几千只，别的家500、800只的都有，水源保证不了。"

不能眼睁睁看着再有2个月就能出栏的鹅，因为没水而一天天减少下去。米兰决定重新寻找一片适合鹅生长的栖息地。然而，茫茫草原虽大，有充足水源的地方却不多。

米兰："山高水也高，找草比较绿的地方，这样就能挖出泉眼来，因为干旱的年份，草枯黄的地方一般都是没有水的，所以我们就找草绿的地方，大片大片的绿草下面肯定有水资源。"

凭借着草原放牧的经验，米兰在距村庄十几千米的地方找到了泉眼，经过3天的整修，地下的泉水汇成了一条清澈的小溪。米兰也带着自家剩下的4000多只鹅开始了长途跋涉。然而，她的这个举动却被村子里的人们认为是最愚蠢的行为。

喀拉苏村村民刘玉山："鹅不能走太远，能走1～2千米，再远了走不动。"

米兰带着鹅群足足走了一天的时间来到了新的草场，她学着牧马人的样子在草原上扎起了帐篷。但始终让她放心不下的是，鹅毕竟是家禽，一下改变了它早出晚归的习性，能不能适应野外的生活环境。接连几天不管白天还是夜晚米兰始终不敢离开鹅群，但很快她就发现自己的顾虑是多余的。

米兰："只要鹅毛都长全了基本上没什么影响。只要有草，碰上一点风雨也不影响它的采食量。"

就这样2个多月里，米兰选择了3处草场，每隔半个月就进行一次迁徙，以维持草场的生态。没想到这个做法，被县里专做肉制品的收购商梁成武一眼看中，发现了里面潜在的市场价值。

经销商梁成武："当时我想的是一个牧鹅，这是比较原始的饲养方式，鹅和一些家禽不一样，吃天然草，绿色环保，这就是卖点。"

梁成武马上与乌鲁木齐一家食品销售公司联系，现场考察后，他们决定就在这个"牧"字上下功夫。

经销商王立明："销售首先要找对象，就是产品定位，绿色品牌只能往城市推广，越大的城市、人越密集越好销售。当时我们给南京、苏州签订了80万斤。"

为了能让草原牧鹅形成特色，走得更远，当地政府还专门制定了一套养殖补贴的优惠政策。昭苏县县长叶力夏提说道："在发展草原牧鹅这一块，1只鹅苗补助2元，有些规模大的我们划一块地供他发展草原牧鹅。"

有了销路、有了政策，大大激发了牧民养鹅的热情。如今，昭苏草原上牧鹅正在成倍的增长，梁成武和王立明也合作建立了加工厂，一条产销一体的产业链已经在昭苏全面形成。

［案例3］ 承包荒山种树，林下养鹅，铺就致富路

树木成林，林中生草，草能生"金"；林下养鹅，地肥鹅壮，壮得"白银"滚滚。在四川彭山公义镇，3 000多只白鹅在百亩林地下吃草。

"别看这一大坡的冬麦草，要不了半个月，这些小家伙就能把草全部'消灭'干净。"一位妇女拿着一根长竹竿，正在山上"监督"小鹅觅食。"这一批小鹅才两斤重，每天都要从鹅棚里赶出来吃草。但最怕它们跑远了，天黑了不好找。"

这家养殖场的主人叫陈福林，去年3月，他承包了120亩的荒坡地，投资上百万元修了上山道路、2 000米^{2}鹅棚以及基础设施，种了香椿树24 000株，遍地的青草。

"这个老板真奇怪，那样的荒地能干什么？""养鹅还是要挨到河或湖才行，山上估计困难。""一下子养那么多鹅，哪来那么多吃的？"鹅未进场，引起村民们纷纷议论。

面对大家的疑惑，陈福林自然不敢掉以轻心。为了掌握养鹅技术，陈福林从书店买来养鹅技术书籍、光盘，认真学习；向县畜牧局的技术人员请教，到其他地方去学习养鹅经验。经过一番准备，他从外地分批购进3 000只雏鹅，开始了林下养鹅。

"晴天一身汗，雨天一身泥，有时忙起来连饭也顾不上吃。"从雏鹅进场的那天起，他就养成了写日记的习惯，从天气、气温、青饲料、防疫药品及剂量，所有细节一一明细。"一旦出现异常，一来有案可查，及时补救。二来也好总结经验。"面对这"千军万马"，陈福林不敢马虎。

现在，每天与鹅打交道成了他的乐趣。"养鹅就像是养孩子，得用心照顾，不然它们就长不好。"陈福林笑着说，"我就是一个

'鹅掌门'。"

据陈福林介绍，林下养鹅主要有三大好处：一是鹅的生长期短，体壮肥大；二是林下食草，成本较低；三是青草滋养，鹅不易生病，鹅粪还能促进树苗生长。

在一个山头上，一个集养殖、孵化、放养的养殖场就是陈福林的。为了实现养殖产业规模化，陈福林又在距离养殖场不远的山上，开辟了另一块地，新建了蓄水槽，在山上栽种了香樟、楠木、柑橘等树苗（图2-2）。

看着遍地"白银"滚滚，陈福林感叹道："发展循环经济与传统养殖差距真大。每年出栏4批白鹅，今年预计出栏5万~8万只；每3 000只大鹅，每年可以节约除草费用6万~9万元；所有的鹅都是吃青饲料长大的，每只大鹅大约5千克重，每千克6元，每只鹅纯收入40元。"如今，他的养鹅循环经济已远近闻名。

"目前，我的养殖场有大鹅5 000多只，小鹅3 000多只。大鹅随时都可以上市，主要是面向农家乐、餐馆和旅游景区。"对于市场销售，陈福林一点儿也不担心。"我的鹅吃的是川芎苗、冬麦草、酒糟、玉米面、米糠等，全是生态养殖，不愁销。"

看到经济效益后，农乐村的村民自然也是笑开了脸，终于找到了一个"生金"的"良方"。"去年，我先是在陈老板那里打工，后来我发觉养鹅还真的不错。"村民陈志福说，"在他的带领下，我现

图2-2　桉树林下养鹅

在也养了 600 多只，至少能赚 2 万多元钱。"

据农乐村村党支部书记郑碧剑介绍，林下养鹅在我县还是第一家。在陈福林的帮助下，已经有 10 多户村民先后搞起了林下养鹅，群众的致富路也正在铺开。

谈到未来的发展，陈福林说，"一是打造有机品牌，提升鹅的品质；二是成立专业合作社，扩大养殖规模，带动周边群众发展，大家一起增收致富。"

[案例 4] 苗木基地散养白鹅，"除"草快利润高

在山东滨州惠民县皂户李镇万亩高标准苗木种植示范基地里，天天可以听到此起彼伏的"嘎嘎"声，3 万只白鹅或在树荫下悠闲地吃草，或在水渠中追逐嬉戏。赶鹅人如同"指挥官"，扬着手中的红色长鞭，吆喝指挥着自己的"千军万马"在绿树丛中若隐若现（图 2-3）。

往年基地一到夏季满地野草和野菜着实让苗木种植户头疼。对于万亩高标准苗木种植示范基地而言，1.2 万亩的除草工作更是费时、费力的艰巨任务。一次偶然的苗木种植技术考察，让苗木基地负责人李金波发现了意外的商机，果断地引进了林下养鹅项目。

李总介绍说："现在这批鹅有 2 斤重，每只鹅每天至少能吃掉三四斤青草，每方地最多 20 天，就被它们吃得干干净净。这个放养点共有 7 500 只鹅，承担了 1 500 亩林地的除草任务。"

图 2-3 苗木基地养鹅

李总给我们算起了细账："林下养鹅，按保守估算，1年下来每亩地可节约除草用的人工、农药费用200元左右，1.2万亩可节约240万元。同时，鹅粪作为最好的天然有机肥直接排泄在林地里，每亩还可以节省130元左右的肥料成本呢，1.2万亩共可节约肥料156万元，这样算下来，养鹅给苗木基地共可节约近400万元，非常可观的益处啊。"据了解，该苗木基地现有各类苗木1.2万亩，以胸径2厘米左右的白蜡、国槐等常规树种为主，栽植株距较大，林间杂草丛生，为林下养鹅提供了丰富的天然饲料。

正是看中了林下养鹅的高利润，李总毅然投资50余万元，先后两批引进了皖西白鹅和台州白鹅，共3万只。他又投资13万元左右，在基地林场主干沟渠附近设置了4个养殖点，建起了8个标准大棚，并在每方林地内开辟了一条条小沟渠，引入水源，方便白鹅喝水、嬉戏。

截至目前，李总林下养殖的3万只白鹅已经承担近7000亩林地的除草任务，经济效益已经显现。据悉，为进一步扩大白鹅养殖规模，增加土地附加值，近期还将引进白鹅2万只。届时，1.2万亩的林场内将有5万只白鹅代替人工承担除草任务。

[案例5] 冬闲田里种草养鹅，种稻养殖两不误

在稻田里养鸭、养鱼、养蟹，现在已经不是什么新鲜事了，但在稻田里种上牧草放鹅，还不影响水稻的收成，这就很有门道了。

浙江省上虞市的丰惠镇是浙东白鹅的主要产地之一，镇里有将近500户的农民在养鹅，而这些养鹅的农户中，每家都有自己的绝活。陈富根的拿手绝活就是向他养的鹅发号施令。在丰惠镇，所有的鹅都是在草地里放养的，为了能在晚上把鹅叫回家，养鹅户们都掌握了一种能让鹅顺利听人指挥的办法。

养鹅户陈富根介绍："在我们这里，鹅就叫作白狗，意思就是像狗一样听话。"

丰惠镇很早就有养鹅的传统，然而像陈富根这样一家养几千只

鹅的规模还是 2004 年之后才发展起来的。陈富根就是镇里大规模养鹅的第一人。

2004 年，在外地做生意的陈富根回到老家，因为在外地他了解到肉鹅的市场行情不错，于是他结束外地的生意回到老家准备规模化养鹅。

养殖户陈富根："想出高效益，就必须集约化。"但是要想大批量养鹅，饲料和场地都是必须解决的问题，从外地购买饲料无疑会增加养殖成本。这时陈富根想到了在外地看到的种草养鹅。

陈富根非常有干劲，他种草做试验，一共种过十几种草，凡是从资料上能查到的草差不多都试过。经过种草试验，陈富根终于知道在浙江冬天可以种黑麦草，夏天可以种紫花苜蓿和皇竹草。2004 年冬天陈富根买了黑麦草种子，在承包的荒坡上种了 68 亩牧草。又买了 1 000 多只鹅苗，开始试着在草地上放养白鹅。

因为浙江、江苏地区鹅销量大，陈富根第一批试养的鹅就赚到了 4 万元钱。

镇里的人看到陈富根养的鹅不吃饲料只吃草，而且还赚到了钱，于是很多乡亲都开始对养鹅跃跃欲试。吕伟强过去是养鸭子的，但是看到养鹅成本低利润还大，于是也开始和陈富根学着种草养鹅。

吕伟强介绍："我们常年种草养鹅，黑麦草收割后我们还要种皇竹草。黑麦草 10 月份种下去，可以养鹅到翌年 6 月份。"

一年时间，丰惠镇已经陆续有 30 几户农民开始承包荒地种草养鹅。能种草的土地都有人承包了下来种草养鹅。

看到大家养鹅效益好，张中娟也想养，可是镇里已经没有荒坡地可以承包了。

一心想养鹅的张中娟开始琢磨起了自己家的稻田。她听说陈富根那有一种草是可以专门在冬天栽种，所以她想试着在冬闲田里种牧草。于是张中娟买了草籽，准备试一试。

张中娟介绍道："夏天种水稻，冬天就种草。"

张中娟之所以敢在水田里种草就是因为她已经提前打听了这

种黑麦草的习性。这种适合冬季的黑麦草喜欢在比较低的温度下生长，气温只要超过24℃，就会自然死亡，所以在长江以南地区的冬天种植很适合。到了春天气温升高，该种水稻的时候黑麦草自然就死掉了。

种了黑麦草之后，张中娟的鹅就散养在冬闲田里，到了春天，鹅粪和枯死的草成了水稻的肥料。张中娟在冬闲田里种草养鹅成功后，2006年冬天，很多农民都跟着搞起了冬闲田种草养鹅。

现在丰惠镇的冬闲田80%都被农民种上了牧草养鹅。种草养鹅，只需要花草种和鹅苗钱，鹅长到1周就可以放在稻田里散养。这样，不但给养殖户节约了成本，而且因为鹅是放养吃草长大的，所以肌肉多脂肪少。

收购商夏岳海："我们一直和他们合作，价钱虽然稍微高了点，但是销路还是很好的。冬天因为气候冷，北方地区都会减少鹅的饲养量，再加上春节、元旦两个节日，所以肉鹅的收购价一直都在每斤7元钱以上"。

丰惠镇副镇长沈虹琳介绍道："我们镇养鹅有两种方式，一种是利用冬闲田，就是晚稻割季以后，散落的稻穗可以养鹅；还有一种就是种草养鹅，用黑麦草养鹅，效益也比较高，效率也比较高，我们全镇有12万羽的出栏量，将近500户的农户在养鹅。

摘自 CCTV 7《致富经》

[案例6]"公司＋农户"的草原牧鹅公司，带动广大农户脱贫致富

内蒙古草原鹏程畜牧有限公司2012年8月成立，公司总部位于克什克腾旗政府所在地经棚镇，主要以肉鹅养殖和屠宰加工销售为主。截至2013年9月，公司已投资1500多万元，建设现代化屠宰加工生产线一条，屠宰加工车间2600米^2，建设鹅舍10000米^2。现有养鹅户35户，养鹅总数已达到22.5万只。

"诚信立企，兴牧惠民"是公司的宗旨，通过"公司＋农户"

的生产组织模式，鹏程鹅业立志在克什克腾这片绿色草原建成一流的现代化大型养殖、加工基地，使鹅产业成为克什克腾旗农村、牧区经济新的增长点。公司立足于"绿色草原、自然放养"的优势（图2-4），选育优良品种，打造有机品牌，建立

图2-4　草原牧鹅

畅通的营销网络，以国内市场现有网络为基础，向浙江、江苏、上海、江西、湖南、湖北等省（市）辐射，把克什克腾旗打造成全国最大的有机肉鹅养殖基地。

第三章
果园林地生态养鹅配套技术

一、林果地要求及管理

（一）林果地要求

用于林下养鹅的林地可以是落叶林（果林），也可以是常绿林。林园不必是成林，一年以上的幼林也可以。落叶林（果林），可在每年秋季树叶稀疏时，在林间空地播种黑麦草，翌年3月份开始养鹅，实行轮牧制，当黑麦草季节过后，林间杂草又可作为鹅的饲料，鹅粪可提高土壤肥力。如此循环，四季养鹅。常绿林，主要以野生杂草为主，可适当播种一些耐阴牧草，如白三叶等，以补充野杂草的不足。在幼林中养鹅可利用树木小，林间空地阳光充足的特点，大量种植牧草，如黑麦草、菊苣、红（白）三叶等，充分利用林间空地资源养鹅，待树木粗大后再利用上述两种方法养鹅。

（二）林果地的清理

放牧鹅群前，清除果树林中的石块、铁丝、干树枝等杂物，清除死水沟、水荡中的积水，清除与养鹅无关的所有废弃物。

局部园地出现板结时，应及时松土，并配合撒播牧草，恢复园地生态环境。

（三）林地、果园种草养鹅场地的选择

鹅除了需要补充精饲料外，青饲料对鹅的生长也非常重要。吃不到充足的青饲料，鹅不但生长缓慢，而且容易发生消化和代谢疾病，因此保证充足的青饲料供应很关键。由于近年来自然草地的减少，单靠自然放养难以保证充足的饲料来源，需要人工种草来加以补充。

建立刈割养鹅用草地，草地的地形、坡度和与鹅舍的距离等不如放牧草地要求严格，但为了减少牧草运输工作量和费用，建议最好离鹅舍近一些。为防止水土流失，也不要在坡度30°以上的地方建立刈割草地。

放牧养鹅草地选择要遵循原则：①草地附近有清洁的水源；②草地离鹅舍要近，特别是雏鹅进行适应性放牧阶段的草地；③草地地势要平缓，便于鹅行走和放牧，坡度大的地方鹅放牧行走困难，还会因放牧鹅的践踏引起水土流失；④草地周围没有疫情，没有被农药、化学物质、工业废物、油渍等有毒有害物质污染，没有碎玻璃等杂物；⑤草地要安静，放牧场要远离公路、学校、工厂等嘈杂的地方，以免鹅群受惊吓；⑥放牧场还应有小树林或大树，若没有则应在地势较高处搭建临时荫棚，供鹅休息、避风、避雨、避寒、避热。幼苗果园不宜放养肉鹅，否则对果树生长不利。

（四）划区围栏轮牧

当鹅形成规模饲养后，就得合理划分林下的草场，实行分区轮牧。分区轮牧既可以避免大批鹅走散，更可以使牧草得以恢复生机。在自由放牧的情况下，牧草丰富的时候鹅专吃嫩草和草尖，造成牧草利用不充分，而使牧草老化，纤维含量增加，消化率下降；在牧草不丰富的时候，如果固定在一个地方放牧时间过长，鹅有时连草根也会拔出来，造成果园草地破坏严重，甚至使果园土壤板结。划区围栏轮牧可使草地牧草得到有效合理的利用。划区围栏轮

牧应根据草地地形、牧草产量和鹅群大小等，确定划区的数量、面积、轮牧周期长短等。在牧草生长迅速的季节以 10 天为 1 个轮牧周期，在牧草生长慢的季节以 15～20 天为 1 个轮牧周期。最好采取以水源为中心，放射状划区围栏轮牧。

划区围栏时，区与区之间钉桩拉网隔开，网眼以鹅头不能伸进为准。以每群鹅 300 羽，面积 30 米×67 米为一个林果地放养单位（或区间），划区轮牧；同时，注意观察果树下青草采食情况，及时轮换地块，保护果树园地不被践踏板结。轮牧区应在 4～6 个及以上为宜，换区放牧后，对放牧过鹅的园区进行清理和消毒。

（五）合理安排用药与林果地利用时间

对果树喷洒农药时，一定要掌握好用药种类和用药时间，所用农药应是高效、低毒、药效期短的农药。作为刈割草地，可根据农药药效期，将草地划分若干小区轮流刈割，即第一个小区刈割后转入第二个小区时，给第一个小区的果树喷洒农药，以此类推，再轮到第一个小区刈割时，农药的药效已过，对鹅已没有毒害作用。作为放牧草地，在第一个轮牧小区放牧后转入第二个轮牧小区时，可对第一个轮牧小区的果树喷洒农药，以此类推。比如划分 5 个轮牧小区，每个轮牧小区放牧 3 天，轮牧周期为 15 天，那么农药的有效期不能超过 12 天。

二、林果地牧草种植与利用

放牧鹅如果只采食杂草，由于杂草的蛋白质含量等营养成分较低，达不到鹅的生长要求，会导致鹅的营养不足，长势不好，鹅 30 日龄该换羽时却不换羽，个头明显小一圈，体重不到 1.5 千克。因此，需要在林果地种植营养成分较高的牧草。例如，冬春季以黑麦草、菊苣为主，夏秋季以苦荬菜、墨西哥玉米为主。保证一年四季有牧草供应。菊苣的平均粗蛋白质含量为 17%，氨基酸含量丰富。圈舍饲养条件下，商品鹅一般 70 天可上市，这期间 1 只鹅需要 25～28 元的饲料费，而种草养鹅，1 只鹅到出栏只需要 20 元的饲料成本。

种草养鹅可充分利用闲置的光、热、水、气、肥资源，一方面涵养土壤间的水分，减少风沙侵袭，提高果树的抗冻能力；另一方面收获 3 000～4 000 千克鲜草，极大提高了果园的土地利用率和果农的经济效益。

（一）牧草要求

牧草品种决定牧草的产量和质量，而牧草产量和质量直接影响鹅的生长发育。随着果树的生长，覆盖度增大，对牧草的生长发育有一定的影响，因此必须选择适宜果园种植的牧草。在果园行间种草或充分利用野生杂草。多年生草为好。适用草种有豆科的白三叶、苜蓿，禾本科的鸭茅、黑麦草、早熟禾，以及叶菜类等。果树间野生杂草，应根据鹅的食性，逐渐在日常管理中去劣存优、消灭毒草等。

选择牧草时应遵循以下原则：①鹅喜食；②耐阴性强，能在果树下较好生长；③草的高度要适中，一般宜选择株型低矮、根系发达、覆盖度高、生物量大的草种；④多年生、再生能力强、耐践踏；⑤须根系，没有发达的主根，少与果树争夺水分和养分；⑥应注意豆科和禾本科牧草的合理搭配；⑦与果树没有共生病虫害，并能栖宿果树害虫的天敌为好；⑧能充分利用果树冬眠期的光能和热能。

（二）牧草品种选择

果园种草养鹅第一年上半年以鹅群强度放牧的方式清除果园内杂草，并人工清除鹅不食用的杂草。到下半年秋季可以播种人工牧草，并以黑麦草为先锋草消除其他杂草。

选择的草种以一年生牧草和多年生牧草或蔬菜类品种相结合，提高单位面积载禽量。适宜养鹅的牧草主要有黑麦草、白三叶、紫花苜蓿、菊苣、苦荬菜等；蔬菜有生菜、白菜、萝卜、胡萝卜、莴笋、青菜等。

行间距较大的果园，牧草品种选择苜蓿、红三叶、白三叶、多年生黑麦草等；树冠较大、郁闭度较高的果园种植三叶草；葡萄园种植白三叶、百脉根等。

1. 根据不同土壤类型选择牧草品种 选择适合当地气候和土壤条件、品质优良、适口性好的牧草品种。盐碱地可种植耐盐碱的牧草，如沙打旺、黑麦草及籽粒苋等。在林场或果园，宜选择喜阴品种，如白三叶等。中性偏碱土壤，适合种植红三叶、白三叶、鸡脚草等牧草。山坡丘陵地带土壤贫瘠，水资源缺乏，应种植耐旱、耐瘠，覆盖性良好的牧草，如紫花苜蓿、高羊茅等。在沙土地上宜种植小冠花、沙打旺等牧草，水肥条件良好的可种植墨西哥玉米、杂交狼尾草、鲁梅克斯 K-1、杂交酸模等牧草。实现常年供草。

2. 适宜放牧养鹅的牧草品种 建立牧鹅人工草地时，注意选择高低适宜鹅采食、适口性好、耐践踏的品种，如苜蓿、多年生黑麦草、白三叶、红三叶、鸡脚草、猫尾草等永久性品种，也可选择冬牧 70 黑麦草、苦荬菜、苏丹草等季节性品种。

3. 圈养鹅的牧草品种 除可种植牧鹅草种外，重点选择青绿多汁的叶菜类牧草，如籽粒苋、鲁梅克斯、串叶松香草、菊苣、苦荬菜、墨西哥玉米、莴笋等。

（三）牧草种植技术

我国北方因气候原因，春夏可种植牧草；而南方和西南地区，雨量充沛，水、热资源丰富，大部分地区终年不见霜雪，适宜牧草的生长，且牧草生长期较长，一年四季都可以种植。如对草地进行改造和牧草品种的合理搭配，可形成终年不枯的常绿草地带。牧草在一个生长季可连续多次刈割。对于多年生牧草，种植一次可连续利用 3～5 年，甚至多达十几年，牧草产量优势十分明显。在果园下种植鹅喜食的牧草，可获得较高的产量。果园下种植一年生多花黑麦草，每公顷（即15亩）可产鲜草65～75吨；种植苦荬菜每公顷可产鲜草70～100吨；种植杂交狼尾草每公顷可产鲜草100吨以上。

1. 牧草种植技术 用于种植牧草的果园林地在播种前要进行地面清理，去除杂草，松土，施基肥（20～30吨/公顷厩舍肥）。由于各地气候条件不同，播种时间也不一样，可春播，也可秋播，一般采用秋播。播种量可根据果园地势、果树品种、地区、季节、气候、土壤肥力、种子纯度和质量等酌情播种，播种量一般为15～25千克/公顷，干旱和水肥条件差的地区比湿润、水肥条件好的地块播种量稍多。

播种方法：一般采取条播，行距20～30厘米不等，也可以采用撒播或穴播，或采用苗圃育苗移栽。因为牧草种子细小，播种深度宜浅不宜深，一般为2厘米，撒种后稍耙即可。播种时，凡种子较硬实的，应提前1天用水适当浸泡，以促进种子萌发。豆科牧草播种时应拌根瘤菌。

2. 牧草高产栽培模式 牧草可分为冬春季牧草和夏秋季牧草。冬春季牧草主要有冬牧70黑麦草、多年生黑麦草；夏秋季牧草主要有苏丹草、籽粒苋、苦荬菜、菊苣、墨西哥玉米等。

果树园地或草地牧草为保证鹅常年的鲜草供应，宜采用不同牧草品种套种、轮作、间作和混播技术。

（1）牧草常年供应模式

①一年生轮作 如墨西哥玉米与冬牧70黑麦分别在夏、秋和冬、春轮作。冬牧70黑麦与苏丹草、籽粒苋、苦荬菜等一年生喜温性牧草分别在秋、冬和春、夏轮作。

②多年生与一年生套种 套种是在前季牧草生长后期，在其株、行或畦间播种或栽植后季牧草的方式。例如，种植鲁梅克斯、串叶松香草、菊苣时留足行距，便于套种冬牧70黑麦、墨西哥玉米、苏丹草等。例如，采用种植一年生黑麦草和多年生

菊苣的方式饲养肉鹅。黑麦草的供草期在当年 11 月份至翌年 6 月份，而菊苣的供草期在 3～11 月份，两种牧草搭配，可达到持续供应。黑麦草播种量为 1.5 千克 / 667 米²，菊苣的播种量为 0.3 千克 / 667 米²，以秋播为好。播深一般 2～3 厘米，条播、撒播均可，条播行距 35～40 厘米，播前施足基肥，每 667 米² 施足有机肥 2 500～3 000 千克。苗期需注意防除杂草，及时间苗、定苗，生长季节应根据情况施肥、浇水，注意防治叶斑病及心腐病等。

③多年生与一年生间作　间作是在同期有 2 种或 2 种以上生长季节相反的牧草，在同一块田地上成行或成带间隔种植。为解决夏季多年生黑麦草枯黄、苜蓿长势弱的问题，夏季可间作苏丹草、苦荬菜等。

林间套种多年生牧草。在树林、果园等种植耐阴的鸡脚草、白三叶等，既为鹅提供了饲料，又不影响树木生长。

（2）草混播技术　混播牧草多由禾本科牧草和豆科牧草两大类组成，豆科牧草与禾本科牧草在混合牧草中的比例要因地制宜，一般为 1：2。以多年生黑麦草和白三叶，多年生黑麦草和红三叶为最好，也可同科牧草混播，如冬牧 70 黑麦与多花黑麦草混播。

不同生物学特点的牧草混播，可优势互补，即提高产量、品质，又可延长利用时限。例如，冬牧 70 黑麦与多花黑麦草混播，冬牧 70 黑麦前期占主导地位，多花黑麦草后期占主导地位，利用时间可延长 1 个月以上。禾本科和豆科牧草混播，可利用豆科牧草固定氮素，增加禾本科牧草粗蛋白质含量。饲喂过程中，可使豆科牧草的高蛋白质和禾本科高碳水化合物相互补充，提高饲喂效果。

混播牧草的播种总量要适宜，同科牧草混播，可用其单播量的 35%～40%；不同科牧草混播，可按其单播量的 70%～80%。

（四）林果草地田间管理

防除杂草是田间管理的一项重要工作。牧草苗期生长缓慢，易受杂草危害，应及时清除杂草。灌溉是提高产量的重要措施，在干旱的季节和地区应及时灌溉，以促进牧草生长，增加产量。我国南方降雨量大，在洪捞季节还应注意开沟排水，否则土壤水分过多，通气不良，会影响根系的生长，导致烂根。草地牧草收割和放牧，每年从土壤中带走大量的养分，会造成土壤肥力下降，继而影响牧草产量。为了保证牧草稳产高产，施肥是关键，除结合整地、施足基肥外，每次刈割和放牧后都要追肥。多年生牧草一般第一年长势较弱，第二至第三年才能进入高产期，应加强苗期的管理，及时防除杂草、施肥、灌溉，培育壮苗。

值得注意的是，在种植牧草的果园用药时，一定要掌握好用药的种类和用药时间，尽量施用高效、低毒、有效期短的农药，把用药时间和划区轮牧的周期有机地结合起来，确保放牧时农药药效已过，防止鹅误食发生中毒。

（五）鹅喜食的几种优质牧草及栽培技术

种草养鹅最常用的栽培牧草是禾本科和豆科牧草，其次是菊科牧草、叶菜类和青饲作物等。它们的共同特点是鲜样水分含量高；粗蛋白质含量较高，品质较优；幼嫩牧草粗纤维含量较少，木质素低，无氮浸出物较高；维生素含量丰富，钙磷比例适宜；柔软多汁，适口性好；含有各种酶、激素和有机酸，易消化。因此，栽培牧草是一种营养相对平衡的饲料，是鹅蛋白质和维生素的良好来源，其干物质能量价值相当于一些中等的能量饲料。在鹅休产期，优质牧草与由它调制的干草可以单独作为鹅的饲粮。

1. 禾本科牧草

（1）**黑麦草**　黑麦草属有 20 多种，其中最有饲用价值的是多年生黑麦草和一年生黑麦草，我国南北方都有种植。

饲用价值：黑麦草生长快、分蘖多，一年可多次刈割，产量高，茎叶柔嫩光滑，适口性好，以开花前期的营养价值最高，可青饲、放牧或调制干草。新鲜黑麦草干物质含量约 17%、粗蛋白质含量 2%。

生物学特性：黑麦草喜温暖湿润气候，在昼夜温度 12℃～27℃时生长迅速，超过 35℃生长不良。黑麦草不耐严寒，不耐高温，在北方寒冷地区难以越冬，在南方炎热地区难以越夏。适宜于海拔 800～2 500 米温带湿润、年降水量 800～1 500 毫米地区种植。

栽培要点：以壤土或黏壤土为宜，最适的土壤 pH 值为 6～7，在 pH 值 5～8 的土壤中仍生长良好。翻耕深度需 20 厘米，精细整地，确保出苗整齐。海拔 400～800 米的低山区可秋播（9 月中旬至 10 月上旬），海拔 1 000 米以上地区可春播（3 月上中旬）。一般每 667 米² 播种量为 1～1.5 千克，以条播为宜，行距 30 厘米，覆土深度 1.5～2 厘米。

每 667 米² 施农家肥 1 500 千克作为基肥，追肥以尿素为宜，每亩约 10 千克，分别在 3 叶期、分蘖期、拔节期各施 4、4.5、1.5 千克；每次刈割应每 667 米² 施尿素 4～5 千克。黑麦草是需水较多的牧草，在分蘖、拔节、抽穗及刈割后进行灌溉，可显著提高产量。同时，及时除杂草。

①一年生黑麦草　又名意大利黑麦草、多花黑麦草，为禾本科一年生植物，喜温暖湿润气候，不耐严寒和干热，在世界各地广泛栽培。20 世纪 40 年代中期引进我国，目前在我国华东、华中及长江、淮河流域的各地区种植较多，主要秋播。现在北方较温暖多雨地区如东北以及内蒙古等地也引种春播。

一年生黑麦草春播一般在 3 月上旬至 4 月中旬进行。秋播在 8 月下旬至 10 月下旬，南方也可延迟到 11 月中旬播种，可采用稻田套种。

一年生黑麦草在北方暖温带地区，每年可刈割 5～8 次，每667 米² 产鲜草 5 000～8 000 千克；在南方亚热带地区，冬闲地复种，可刈割 10 次左右，每 667 米² 产鲜草 4 000～6 000 千克。

②多年生黑麦草　又名宿根黑麦草，株高 30～100 厘米。原产于西南欧、北非及亚洲西南等地区，是世界温带地区最重要的牧草之一。

适合冬无严寒、夏无酷暑的地区，是适合我国南方中高山地区栽培的优良牧草。在种植方面，同多花黑麦草的播种时间相同。

我国在四川省、云南省、贵州省及湖南省的南山牧场、长江三峡地区等高海拔地区，建成了大面积多年生黑麦草人工草地，用于放牧，已成为我国亚热带高海拔、降雨量较多地区广泛栽培的优良牧草和鹅用青饲料。多年生黑麦草可多次刈割，当草高达 40～60 厘米时，可以割作鹅的青饲料。

多年生黑麦草每年可刈割 3～4 次，每 667 米^{2}产鲜草 5 000～8 000 千克；在南方亚热带地区，冬闲地复种，可刈割 10 次左右，每 667 米^{2}产鲜草 4 000～6 000 千克。

③冬牧 70 黑麦　是禾本科牧草中饲用价值最高的品种。适应性强，喜温耐寒、耐旱、耐瘠薄，温带和寒温带都能种植。对土壤的要求不严，以富含有机质的壤土和沙壤土最为适宜。

适时播种是获得高产的保证，黄淮地区播种期为 9 月中旬至 10 月下旬，长江中下游地区播种期为 8～10 月份。在黄淮地区和长江流域水肥充足的田块种植，每 667 米^{2}可收获鲜草份 5 000～8 000 千克，高者可达 12 000 千克以上。

（2）杂交狼尾草　杂交狼尾草是美洲狼尾草和象草的杂交品种，系多年生草本，植株高大，须根发达，秆圆柱形、直立，分蘖性强。

饲用价值：杂交狼尾草是畜牧专家推荐的在我国淮北地区目前产量高的夏季牧草，其特性为优质高产，再生能力强，可多次刈割，年可刈割 8～10 次，供草期在 6～10 月份，对缓和长江中下游地区夏季高温缺青的矛盾具有一定作用。无病虫害，杂交狼尾草茎叶柔嫩，适口性好，羊、牛、兔、鹅、鱼等草食动物喜食。一般每公顷产鲜草 120～150 吨。除了青刈外，也可晒制干草或调制青贮饲料。

生物学特性：杂交狼尾草的亲本原产于热带、亚热带地区，温暖湿润的气候最适宜它的生长，日平均气温达到 15℃以上时开始生长，25℃～30℃时生长最快。杂交狼尾草耐低温能力差，气温低于 10℃时生长明显受到抑制，气温低于 0℃的时间稍长则会被冻死；抗旱力强，同时耐湿；对土壤要求不严，沙土、黏土、微酸性土壤和轻度盐碱土均可种植，但以土层深厚的黏质壤土最为适宜。

栽培要点：杂交狼尾草主要通过根、茎无性繁殖利用，采用分根繁殖或保茎越冬繁殖。栽培要选择土层深厚、疏松肥沃的土地，一般每公顷施 22.5～30 吨有机肥作基肥。在长江以南地区，当日平均气温达到 15℃时，即可将保种的根、茎进行移栽或扦插。种植时要选择生长 100 天以上的茎作种茎，繁殖时将带节的茎一节切成一段，将有节的部分插入土中 1～2 厘米，密度为 20 厘米×60 厘米；也可分根移栽，这种方法成活率最高，一般密度为 45 厘米×60 厘米，有时 2～3 个苗连在一起，移栽密度可以稀一些。

杂交狼尾草虽然耐旱，但充足的水肥是高产的保证。全年每公顷需施用无机氮肥 225～300 千克，每次刈割后都要及时追肥、中耕，每公顷每次施 225 千克硫酸铵。一般株高 120 厘米左右时刈割作牛、羊等大家畜饲料，作鱼和小家畜饲料时在株高 90 厘米左右刈割，留茬高度 15～20 厘米。

（3）墨西哥玉米　墨西哥玉米又名墨西哥假蜀黍、假玉米，系禾本科类蜀黍属一年生草本植物。原产于墨西哥，我国引种后，长江以南地区均有种植，华北地区也有种植。

饲用价值：墨西哥玉米质地脆嫩、多汁、甘甜，适口性好，青饲、青贮、干草均为兔、鹅所喜食，也是淡水鱼的优良青饲料。再生性强，每年可刈割 4～5 次，每 667 米^{2}产鲜草 7.5～10 吨。

生物学特性：墨西哥玉米生长旺盛，生长期长，分蘖期占全生长期的 60%。在南方，3 月上中旬播种，9～10 月份开花，11 月份种子成熟，全生育期 245 天。在北方种植，营养生长较好，往往不能结实。墨西哥玉米种子由于外面有硬壳保护，影响种子吸水，因此播种时要求土壤水分较好。播种要求温度为 18℃～25℃，10 天即可出苗。墨西哥玉米分蘖能力强，一般单株分蘖可达 15～30 株，有的可达 55 株以上；一般 45～50 天开始分蘖，分蘖期 140 天；分蘖的植株开花晚，成熟比主茎晚 15 天左右。

墨西哥玉米适宜生长在海拔 500 米左右的平地，土壤 pH 值

6.5～7.5。墨西哥玉米喜温暖、潮湿的气候条件，最适生长气温24℃～27℃，耐高温，38℃高温生长旺盛，不耐渍涝和霜冻。

栽培要点：选择平坦、肥沃、排灌方便的地块，施足基肥，条播或穴播，行距 30～40 厘米，株距 30 厘米，每 667 米^2 用种量 0.5 千克左右，出苗至 5 片叶后生长加快，应追施氮肥 5～10 千克/667 米^2，并结合中耕培土。

青饲用，可在苗高 1 米左右刈割，每次刈割后均施氮肥；青贮用，可先刈割 1～2 次青饲后，当再生草长到 2 米左右高孕穗时再刈割，青贮；作种子用，刈割 2～3 次后，待其植株结实，每 667 米^2 收种子 50 千克左右。

（4）鸭茅　鸭茅又名鸡脚草或果园草，系禾本科鸭茅属多年生草本植物。鸭茅原产于欧洲西部，我国湖北、湖南、四川、江苏等省有较大面积栽培。鸭茅是世界上著名的栽培牧草，已成为美国大面积栽培的一种重要牧草，我国各地栽培表现良好。

饲用价值：鸭茅草质柔嫩，叶量多，营养丰富，适口性好，是各类草食动物的优良牧草，喂鹅需幼嫩期刈割。抽穗期茎叶干物质中含粗蛋白质 12.7%、粗脂肪 4.7%、粗纤维 29.5%、无氮浸出物 45.1%、粗灰分 8%。鸭茅适宜青饲、青贮或调制干草，也适宜放牧。

生物学特性：鸭茅根系多、丛生；耐寒性中等，适宜冷冻气候生长，早春、晚秋生长良好，昼温 20℃、夜温 12℃最适生长；耐热性差，能耐寒耐阴，也能在排水较差的土壤中生长，以湿润肥沃的黏土或沙土为佳；耐瘠、耐酸，对氮肥极为敏感。

鸭茅苗期生长缓慢。在重庆地区秋播，越冬时植株小而分蘖少，翌年 4～5 月份迅速生长并开始抽穗，抽穗前叶多而长，草丛展开，形成软草层，5～6 月份开花结实。在重庆干旱、中低海拔地区越夏困难。

栽培要点：鸭茅苗期生长缓慢，分蘖迟，植株细弱，与杂草竞争能力差，早期中耕除草又容易伤害幼苗，因此整地需精细，以利出苗。重庆地区秋播应不迟于 9 月中下旬，每 667 米^2 播种量约

1千克。密行条播较好，覆土宜浅。鸭茅可与苜蓿、红三叶、白三叶、黑麦草等混播。加强田间管理，每667米²施氮肥38千克。鸭茅应在抽穗前刈割，不应延迟，否则会影响再生草的产量。其种子在6月中旬成熟，在花梗变黄、种子易于脱落时收获。

2. 豆科牧草

（1）**紫花苜蓿**　紫花苜蓿别名紫苜蓿、苜蓿，属多年生豆科牧草。我国已有2000多年栽培历史，为我国最古老、最重要的栽培牧草之一，广泛分布于西北、华北、东北地区，江淮流域也有种植，在我国成为一种主要的栽培牧草，也是全国乃至世界上种植最多的牧草品种。其特点是产量高、品质好、适应性强，是最经济的栽培牧草，被冠以"牧草之王"称号。随着牧草产业化及对草产品需求的快速增加，紫花苜蓿栽培面积呈迅速扩大之势。

饲用价值：苜蓿的营养价值很高，粗蛋白质、维生素含量丰富，动物必需的氨基酸含量高。苜蓿干物质中含粗蛋白质15%～26.2%，相当于豆饼的一半，比玉米高1～2倍；赖氨酸含量1.05%～1.38%，比玉米高4～5倍。此外，还含有丰富的维生素和微量元素，如胡萝卜素含量可达161.7毫克/千克。紫花苜蓿中含有各种色素，对家畜的生长发育及乳汁、家禽的卵黄颜色均有好处。紫花苜蓿的营养价值与刈割时期关系很大，幼嫩时含水多，粗纤维少。刈割过迟，茎的密度增加而叶的密度下降，饲用价值降低。喂鹅宜花前期刈割，切碎饲喂效果较好（表3-1）。

表3-1　不同生长阶段苜蓿营养成分的变化表　（占干物质%）

生长阶段	粗蛋白质	粗脂肪	粗纤维	无氮浸出物	粗灰分
营养生长	26.1	4.5	17.2	42.2	10.0
花前期	22.1	3.5	23.6	41.2	9.6
初花期	20.5	3.1	25.8	41.3	9.3
1/2 盛花期	18.2	3.6	28.5	41.5	8.2
花后期	12.3	2.4	40.6	37.2	7.5

生物学特性：紫花苜蓿为豆科多年生草本植物，一般寿命5～7年，根系发达，主根粗壮，根系深，抗旱性很强，在年降水量250～800毫米、无霜期100天以上的地方均可种植。紫花苜蓿耐旱、耐瘠、喜水肥，适应性广（我国长江以北的绝大部分地区皆可种植）。最适于在土层深厚、富含钙质的土壤上种植，沙土、黏土也可生长，不宜在地势低洼、易积水的地方种植。紫花苜蓿喜欢温暖半干旱气候，日平均气温15℃～20℃，最适合生长；喜中性或微碱性土壤，pH值6～8为宜。成株高达1～1.5米。

苜蓿抗寒力强，可耐 -20℃的低温。夏季高温不利于苜蓿生长。地下水位高，排水不良或年降水量超过1000毫米的地区不宜种植。

栽培要点：苜蓿种子小，播种前需精细整地。在未种过苜蓿的土壤上种植，接种苜蓿根瘤菌有良好的增产效果，施用厩肥和磷肥做底肥有利于根瘤形成。条播，每667米^{2}播种量0.8～1.5千克，行距25～35厘米，播深1～2厘米；撒播，每667米^{2}播种量1.5～2千克。紫花苜蓿苗期易被杂草侵害，应注意及时除去杂草。在干旱季节，早春和每次刈割后浇水，对提高苜蓿产草量非常重要，越冬前灌冬水有助于越冬。紫花苜蓿刈割留茬5厘米为佳。

一年四季均可播种，但以秋播为多。在春季气候好、风沙危害少的地区可春播，时间为3月上旬至5月上中旬；春季干旱、晚霜较迟的地区可在雨季末播种；冬季不太寒冷的地区可于8月下旬至10月上中旬播种；也可在初冬土壤封冻前播种，利用早春土壤化冻时的水分出苗。每667米^{2}产鲜草6000～8800千克，产量以第三至第四年最高。

苜蓿的产量根据不同品种、不同地区、管理水平和刈割次数不同，产量差异很大。一般年刈割3茬（辽宁省2～4茬），每667米^{2}产鲜草2000～6000千克，4～5千克鲜草晒1千克干草。

（2）白三叶　白三叶为多年生豆科草本植物，白三叶原产于欧洲地中海东部和小亚细亚本部。匍匐茎平卧地面，长30～50厘米。目前在世界上温带地区广泛栽培，尤以新西兰、西北欧和北美东部等海洋性气候区栽培最多。我国长江中下游地区和云、贵、川、广等低山丘陵区也广泛栽培，成为建立人工草地的当家草种，是改良我国南方草山最重要的优良豆科牧草品种。白三叶是近年来养鹅业中，解决4～6月份青饲料的主要草种。除青饲外可晒制草粉作配合饲料。

饲用价值：白三叶茎叶柔嫩，适口性极好，各种畜禽均喜食，耐牧性强，年刈割3～5次，每667米²产鲜草2.5～5吨。白三叶开花期干物质中粗蛋白质含量24.7%、粗脂肪2.7%、粗纤维12.5%、无氮浸出物47.1%、粗灰分13%，干物质消化率75%～80%。白三叶还可作为水土保持和绿化植物。

生物学特性：白三叶喜温暖湿润气候，生长适宜温度19℃～24℃，耐热性和抗寒性比红三叶强；耐酸性土壤，适宜的土壤pH值为5.6～7，但pH值低至4.5也能生长，不耐盐碱；较耐湿润和阴凉，不耐干旱，能耐–15℃～20℃的低温，在东北、新疆有雪覆盖时，均能安全越冬。耐热性也很强，35℃左右的高温不会萎蔫。

白三叶再生性很强，在频繁刈割或放牧时，可保持草层不衰败。在年降水量640～760毫米以上地区或夏季干旱不超过3周的地区均适宜种植。

栽培技术：白三叶可春播也可秋播，南方以秋播为宜，但不能迟于10月中旬，否则越冬易受冻害，北方宜于3～4月份春播。三叶草种子细小，播种前需精细整地，清除杂草，施用有机肥和磷肥作基肥，在酸性土壤上应施石灰。白三叶播种量每667米²0.3～0.5千克，最好与多年生黑麦草、鸭茅、猫尾草等混播。白三叶与禾本科牧草适宜混播，比例为1∶2，既可提高产草量，也有利于放牧利用，混播时每667米²用白三叶种子0.1～0.25千克，条播或撒播，条播行距30厘米，播深1～1.5厘米，播种前应用根瘤菌拌种或硬实处理。白三叶宜在初花期刈割，一般每隔25～30天利用1次。春播，当年可产鲜草1 000千克以上，第二年以后每年可刈割3～4次，每667米²产2 500～4 000千克，高产者可达5 000千克以上。

白三叶花期长达2个月，种子成熟不一，当多数种子成熟即可收获，每667米^{2}产种子10～15千克，最高可达45千克。

（3）**红三叶**　红三叶又名车轴草，原产小亚细亚及西欧，是海洋性气候地区最重要的豆科牧草之一，最适宜我国亚热带地区种植。现广泛分布于温带、亚热带地区。近年来，我国长江流域、华南、西南和新疆等省、自治区广为栽培利用。红三叶产量高、结实好、病虫害少，是养鹅生产中种植广泛的优良牧草。

饲用价值：红三叶草质柔嫩，适口性好，为各种畜禽喜食，干物质消化率为61%～70%。红三叶营养丰富，干草粗蛋白质含量17.1%、粗纤维21.6%。红三叶可刈割，也可放牧，饲喂效果很好，与紫花苜蓿相比，可消化蛋白质略低，而总可消化养分略高。红三叶与多年生黑麦草、鸭茅等组成的混播草地可提供近乎全价营养的饲草，其混合型牧草也可用于青贮。

生物学特性：红三叶喜温暖湿润气候，夏季温度超过35℃时生长受抑制，持续高温易造成死亡；耐湿性好，在年降水量1000～2000毫米地区生长良好，但耐旱性差；适宜中性或微酸性土壤，以排水量好、土质肥沃的黏壤土生长最佳。

栽培要点：红三叶种子细小，要求精细整地，可春播或秋播，南方以秋播为宜，播期9月份，播种量每667米^{2}0.6～0.8千克；适宜条播，行距25～35厘米，播深1～2厘米。用红三叶根瘤菌剂拌种，可增加产草量。施用磷肥、钾肥和有机肥有较大增产效果。红三叶苗期生长缓慢，要注意中耕除草，其再生性强，产草量高，南方1年可刈割4～5次，每667米^{2}产草量可达4～5吨。红三叶花期长，种子成熟不一致，当80%的花序变成褐色、种子变硬时，可以收种。

（4）**紫云英**　紫云英又称红花草，原产我国，为豆科黄芪属一年生或越年生草本植物。大体分布于北纬24°～35°，我国长江流域及以南各地均广泛栽培，属于绿肥、饲料兼用作物。

饲用价值：紫云英鲜嫩多汁，适口性好，在现蕾期营养价值最高，以干物质计，粗蛋白质含量31.76%、粗脂肪4.14%、粗纤维

11.82%、无氮浸出物 44.46%、粗灰分 7.82%。紫云英现蕾期鲜草产量仅为盛花期的 53%，就营养物质总量而言，则以盛花期刈割为佳。

生物学特性：紫云英喜温暖湿润气候，过冷过热均不利于生长。紫云英种子发芽最适温度为 20℃～25℃，幼苗期在 -5℃～7℃开始受冻或部分死亡，生长适宜温度 15℃～20℃，气温较高地区生长不良。

紫云英比较耐湿，自播种至发芽前，土壤不能缺水，发芽后如遇积水则易烂苗，生长发育期中也最忌积水；耐旱性较差，久旱能使紫云英提前开花；喜沙壤土或黏壤土，耐瘠性弱，在黏土或排水不良和保肥性差的沙性土壤中均生长不良；适宜的土壤 pH 值为 5.5～7.5，土壤含盐量超过 0.2% 容易死亡。

紫云英播种后 6 天左右出苗，开春以前，以分枝为主，开春以后，分枝停止，茎枝开始生长。

栽培要点：紫云英硬实种子多，播种前用清水浸种 24 小时，或用人尿液浸种 10～12 小时，再用草木灰拌种，可提高发芽率，并能使茎叶粗壮。紫云英播前应接种根瘤菌，一般以 9 月下旬至 10 月上旬播种最适宜，每 667 米² 播种量 2.5～4 千克，一般采用撒播。紫云英一般不施基肥，苗期至开春前，用磷肥、厩肥作苗肥，可促进幼苗生长健壮，根系发育良好，提早分枝，增强抗旱力；开春后适当施腐熟的人畜粪尿或氮肥，可促进茎叶生长繁茂。紫云英忌水淹，应注意开沟排水。

3. 其他牧草

（1）苦荬菜　苦荬菜别名盘儿草、山莴苣菜等，苦荬菜属菊科 1 年生或越年生草本植物，原为野生植物，经多年驯化选育，已成为广泛栽培的优良高产饲草作物。株高 2～3 米，整株含白色乳浆，味苦。茎光滑且直立，上部有分枝。它适应性强，产量高，适口性好，营养丰富，是鹅等多种畜禽的优质青饲料。在我国广东、广西、湖南、湖北、四川、江苏、浙江、安徽、河北、山东、山西、吉林、黑龙江等省（区）广泛种植。

饲用价值：苦荬菜在开花前，叶茎嫩绿多汁，适口性好，各种畜禽均喜食，尤以猪、鸡、鸭、鹅、兔、山羊最喜食，是一种优等青绿饲草。但开花以后，基生叶和茎下部的叶片逐渐干枯，茎枝老化，适口性和草质明显降低。从营养成分看，开花期的茎叶含粗蛋白质和粗脂肪较丰富，粗纤维最低（表3-2）。

表3-2　苦荬菜的营养成分表　（单位：%）

采样地点	生育期	分析部位	水分	占干物质					钙	磷
				粗蛋白质	粗脂肪	粗纤维	无氮浸出物	粗灰分		
新疆	开花	全株	7.38	17.91	6.61	15.47	40.52	19.49	2.41	0.38

苦荬菜适宜放牧，也可刈割，但用作青绿饲草最为适宜，不能煮熟或发酵后饲喂，新鲜苦荬菜不能堆积过厚，防止发热变质，产生亚硝酸。放牧以叶丛期或分枝之前最好，刈割宜稍晚一些。苦荬菜再生力较强，在我国南方1年可刈割6～8次，留茬5～8厘米，一般每667米^{2}产鲜产5 000～7 000千克。

生物学特性：苦荬菜的生育期随气候带的不同而不同。在温带地区，一般于4～5月份出苗返青，8～9月份为结实期，生育期180天左右。在亚热带地区，一般于2月底3月初出苗或返青，9～11月份为花果期，秋季生出的苗能以绿色叶丛越冬，生育期240天左右。苦荬菜的再生力比较强，只要不损伤根茎部的芽点，刈割或放牧3～4次，并不影响其再生草的生长。

苦荬菜喜生于土壤湿润的地带，分布广，适应的生态范围相当宽。在温带、亚热带的气候条件下均能生长，对土壤要求不严，在轻度盐渍化土壤上也生长良好，在酸性森林土上亦能正常生长。

栽培要点：苦荬菜种子小而轻，子叶小而薄，出土力弱，播种前必须精细整地，才能保证苗全苗壮。苦荬菜生长快，再生力强，刈割次数多，耐肥力强，播种前须每667米^{2}施腐熟猪、牛粪2 500

千克、过磷酸钙 20～25 千克和草木灰 100 千克作基肥。3 月中下旬或 8 月下旬播种，每 667 米² 播种量 0.5 千克，可穴播和条播，穴深和覆土深均为 1 厘米，穴播株行距为 20～25 厘米，条播行距 20～30 厘米。苦荬菜对氮肥敏感，当株高为 5 厘米时，每亩施腐熟人畜肥或氮肥 5～7.5 千克，每次刈割后每 667 米² 施氮肥 5～10 千克，但作收种用时氮肥不宜施得过多。苦荬菜既怕涝又怕旱，应做到合理灌溉。

一般在生长期允许的范围内，播种越早越好。通常春、夏、秋皆可播种。但以早春播种最为适宜。南方一般在 2 月中旬至 3 月中旬播种产量最高。北方可 4 月上中旬播种。华南也可秋播，8 月下旬播种。每 667 米² 青草产量为 5 000～7 000 千克。

苦荬菜主要以鲜草直接喂鹅，采食率、消化率均高。在长江中下游，苦荬菜可分批播种，分期采收，从 4～8 月份，可连续收获，不断供应。

（2）菊苣 菊苣为多年生草本，菊苣适应性强，在我国南北各地（除海拔在 2 000 米以上及过于偏北、偏冷的地方）均可种植。喜温暖湿润气候，耐热、耐寒、再生力很强，较耐盐碱，喜肥喜水。1 次种植可多年利用，利用期长达 8 个月。

菊苣原产于欧洲，现栽培较多的为大叶直立型种。菊苣有粗壮的白色肉质直根，茎直立，株高 1.5～2 米，叶片长 30～41 厘米、宽 8～12 厘米。菊苣的平均粗蛋白含量为 17%，氨基酸含量丰富。菊苣适应性广，栽培容易，叶质鲜嫩，适口性好，产量高，是鹅喜食的优质青饲料。

饲用价值：从营养成分看，菊苣的莲座叶丛富含粗蛋白质，无氮浸出物和灰分含量也较高，粗纤维含量较低，比较柔嫩，适口性好，但生长第二年的菊苣营养价值降低，适口性也相应降低。据测定，生长第一年的莲座叶丛，氨基酸含量丰富，有 9 种必需氨基酸的含量比紫花苜蓿干草所含的还要多。但第二年初花期的菊苣，无论是氨基酸总量还是必需氨基酸的含量都降低很多，均不如苜蓿干草。莲座叶丛期菊苣可直接饲喂鸡、鹅、猪、兔等畜禽。

生物学特性：春播菊苣，当年生长较慢，基本处于莲座叶丛期，只有少量植株当年可正常开花，但种子很难成熟。从生长第二年开始，全部植株均能正常开花结籽。两年以上植株的根颈不断产生新的萌芽，这些新枝芽生根、成苗，逐渐形成相对独立的植株；第一次初花期刈割后，再生草少量抽茎开花，大部分形成基生叶丛。

菊苣具有粗壮而深扎的主根和发达的侧根系统，它的生长不仅对水分反应明显，而且抗旱性能亦较好。菊苣较耐盐碱，在土壤 pH 值为 8.2、全盐量 0.168% 的土地上生长良好。菊苣生长速度快，再生能力强，生长第一年可刈割利用 2 次，从第二年开始，每年可刈割利用 3～4 次。

栽培要点：菊苣春播、秋播皆宜。春播北方 3 月中旬至 5 月中旬，南方 2 月下旬至 4 月中旬；秋播北方 8 月下旬至 9 月下旬，南方 9 月上旬至 10 月下旬。菊苣播种当年产量较低，第二年以后产量增加。

用种量 2.25～3 千克/公顷，播深 2～3 厘米；条播、撒播均可，条播行距以 30～40 厘米为宜。

菊苣种子细小，播前整地需精细，播种时最好与细土等物混合撒籽，以达到苗均苗全之目的。播后应立即耙耱镇压。幼苗期及返青后易受杂草侵害，应加强杂草防除工作。

菊苣生长快，需肥量高，播前应施入充足有机肥。每公顷施氮肥 600～750 千克作追肥，可在苗期及每次刈割后分批随灌水施入。菊苣根系肉质肥壮，施用未腐熟的有机肥作基肥，易导致根系病虫害及腐烂。菊苣叶片肥嫩，特别是莲座叶丛期植株，若不及时利用则逐渐衰老腐烂，并易引起病虫害发生，故应适时刈割。

（六）牧草的利用

果园植被有上层植被和林床植被之分，上层植被是果树经营的产物，林床植被是鹅的直接饲料。随着果树的生长，果园内的郁闭度增加，产草量减少。所以，应利用果园内郁闭度小、地面阳光充足、牧草产量高的时期加以充分利用。果园草地利用分为刈割利用和放牧利用。

1. 刈割利用　牧草刈割利用，就是在牧草生长到30～50厘米时进行刈割，将刈割的牧草切成2～3厘米长的段喂鹅，主要用于舍饲养鹅或圈养养鹅，也可刈割用于放牧地牧草长势不好，青饲料不足的鹅群食用。凡匍匐型生长或低矮的牧草，生长到30～40厘米高时应刈割利用，比较高大的牧草生长到50厘米左右高时应刈割利用。

牧草刈割留茬高度根据牧草品种的不同有所不同，一般为5厘米，越冬前最后一次刈割留茬应高些，为7～8厘米，这样能保持牧草的根部营养，有利于越冬。在确定最适刈割时间时，必须根据牧草生育期内地上部产量的增长和营养物质动态来决定，不同的牧草品种、不同的地域，刈割时间是不同的，要灵活掌握。牧草刈割利用过早，虽然营养成分和饲用价值有所提高，但产草量低。若牧草刈割利用过迟，虽然产草量有所提高，但纤维成分增加，营养价值和品质降低。牧草应尽量鲜用，以减少晒制过程中的营养损失。

舍饲或圈养的鹅还要补充骨粉、贝壳粉、磷酸钙，同时还要补充维生素D，促进鹅对钙、磷的吸收，保证鹅在育肥期的营养全面。

2. 放牧利用，分区围栏轮牧　林果地或草地面积大，有条件实行放牧饲养的养鹅户，则可对鹅采取放牧饲养的方式，让鹅在大自然的环境中自由运动和采食。为保护草地的长期可持续利用，可对放牧地实行分区轮牧，让牧草得以再生长，并可避免土地板结。由于放牧得到了充分的运动并呼吸新鲜的空气，采食新鲜的青绿饲料，鹅将会较少生病，长势良好，肉质也会更好。

三、林果地放牧管理

（一）林地果园有效放牧面积

林果地规模养鹅时，林地、果园要求远离村庄，相对安静，面积不小于 0.33 公顷（5 亩）。按照用途将林地、果园划分成 2 个区域，其中 1/3 的区域作为青饲牧草生产区，种植高产优质的优良牧草，如杂交狼尾草、菊苣、黑麦草等，主要用于刈割切碎，作为舍饲鹅的补充青料。2/3 的区域作为放牧区，放牧区种植耐践踏、耐放牧、再生力强的中矮型牧草，如宽叶雀稗、白三叶等，供鹅群放牧时自由采食。

面积比较大的林地或果园，可以划分成若干个种养单元，以 1 个种养单元为 1 个轮牧区。1 个种养单元就是 1 个有效的放牧区域，既能让鹅有充足的杂草可吃，又能使林果地充分得到利用，并有充分的休养时间。林地或果园一般以东西长 30～50 米，南北长 50～100 米为 1 个种养单位（3～7 亩），每个种养单元用网隔开。每个种养单位内设 1 个集中区，集中区为全封闭式，有门进出，区内设饲养棚、饮水器、料槽。集中区大小按养禽数量而定，以能容纳单位内所有家禽而不拥挤为度。育雏舍可以建在果园附近以方便脱温后放牧（育雏提倡专业化企业集中进行）。果园面积较大的区域，可将育雏舍搭建在果园中，既减少土地的占用，又方便将来的放牧。

（二）养殖规模及载鹅量的确定

林下养鹅必须有一个合理的密度，所有的牧场都有一个载畜量。为了保持林地、果园的生态平衡不被破坏，必须确定合理的载鹅量，即单位面积林地上必须有一个合理的放鹅量，否则放养数量过多、密度过大，就会造成林地、果园生态环境的破坏，对林下草地造成土壤板结，同时也不能满足鹅每天的采食量，争食，鹅群大小不均匀，出栏体重不达标；反之，载鹅量过低，则造成草地牧草资源的浪费。因此，载鹅量的确定最好以林地的产草量和鹅的体型来定。一般情况下，每 667 米^2 林地果园内可放养 1 月龄以内的仔鹅 100 只左右；放养成鹅 60～70 只，可根据草地实际情况灵活调整，草地产草量少，鹅体型较大时，可减少放养密度。如果草地牧草被鹅吃光，土壤板结时，要及时翻动松土，撒上少量草种，同时更换放牧场地。

（三）放牧管理

当雏鹅育雏养至 4 周龄后，户外温度在 15℃以上时，就可以脱温放养，或当外界环境温度达到 22℃时，15 日龄的小鹅可试着在野外放养了。开始几天，每天放养 2～4 小时，以后逐日增加放养时间，使雏鹅逐渐适应外界环境。外界温度在 15℃以下时，雏鹅需 5～6 周龄后方可全天在果树林地放牧。

草地放牧利用是最经济有效的饲养方式，也是我国鹅业生产的主要经营形式。放牧利用就是牧草生长到 30 厘米左右进行鹅的放牧利用。由于鹅的采食和践踏，放牧对牧草生长发育、牧草的繁殖、牧草产量、草地植物种类、土壤等有影响，草地牧草适宜的利用率一般情况下为 60%～70%，分区轮牧利用率可以提高到 80%左右。分区围栏轮牧前面已有叙述，这里不再详述。放牧利用时要随着果园郁闭度的增加，产草量减少，随之减少载鹅量。

1. 鹅群的调教　鹅的合群性强，可塑性大，胆小，对周围环境的变化十分敏感。在鹅的放牧初期，应根据鹅的行为习性，调教鹅的出牧、归牧、饮水、休息等行为，放牧人员加以相应的声音等信号，使鹅群建立相应的条件反射，养成良好的生活规律，便于放牧管理。为了能让在野外自由活动的鹅群按时回舍补充料水、休息，在放养初期，应进行必要的训练。召唤训练十分重要，尤其是在恶劣天气来临的时候，能保证迅速将鹅群召唤回舍。

2. 放牧日常管理　15 日龄的雏鹅必须饲喂全精料，最好是全价配合饲料，可适当添加少许青绿饲料，以保证鹅只的正常生长发育。

放牧鹅采食的积极性主要在早晨和傍晚。鹅群放牧的总原则是早出晚归。放牧初期，每日上、下午各放牧 1 次，中午赶回圈舍休息。气温较高时，上午要早出早归，下午应晚出晚归。随着仔鹅日龄的增长和放牧采食能力的增强，可全天外出放牧，中午不再赶回鹅舍。放牧鹅群常常采食到八成饱时即蹲下休息，此时应及时将饮水设备移至鹅群处，并保证供水充足。

　　值得注意的是，林下养鹅不等于是完全的粗放散养，甩手不管。它只是在养鹅的某个阶段，充分利用鹅吃草的特性，利用天然的草资源来节约出一部分人工饲料的支出。要想养好鹅，除了吃草之外，该补的精饲料还得科学补喂。尤其在鹅苗刚出生的前2周，育雏舍饲管理和精饲料饲喂都是必不可少的。

　　当室外地面温度达到22℃的时候，14日龄的小雏鹅就可以放到林下每天锻炼1小时左右，如果外界温度达不到22℃，则育雏期应延长到30天。在温暖晴朗的日子，让雏鹅先在嫩草地上做适应性训练。这个阶段的放牧，是使小鹅从吃饲料到吃青草的过渡，是让它们练胃的过程。一开始可以每天放牧2次，每次活动半小时。以后随着小雏鹅日龄的增加，放牧的草地可以由近及远，放牧的时间由短到长。特别要注意的是，放牧时，小鹅走到哪，饮水都要及时补充到哪。小鹅放牧回舍后补喂足够的精饲料。

　　30天后的仔鹅对外界环境的适应性、抵抗力及消化能力增强了，可以全天放牧了。这是鹅一生中羽毛、肌肉和骨骼都生长得最快的阶段。在林地，仔鹅几乎能够完全依靠天然饲料来满足自身生长需要。

　　30天后的仔鹅胃体积明显增大了，所以这时要让它多吃，快吃，快长。鹅还有个特点，就是吃吃歇歇。它们吃饱了以后，会就地休息，甚至睡上一小觉。这时候，要尽量避免惊扰它们，因为仔鹅敏感，特别容易受到惊吓，受惊的鹅群会躁动不安，容易挤成一堆受伤。休息好之后，再继续放牧饮水。

　　老话说"养鹅无巧，清水青草"。足够的饮水，对鹅格外的重要。夏天炎热时重要的任务就是勤添水。

　　中鹅期的鹅群或牧地草源质量差时需要适当补饲精饲料。补饲应在晚上进行，每只鹅25～30克。补饲要视草情和鹅情而定，以满足鹅的营养需要为前提。参考配方为：玉米粉54%、小麦次粉20%、草粉11%、豆粕粉11%、石粉1%、骨粉2.5%、食盐0.5%。

　　3. 注意防止传染病　严禁从疫区进鹅苗，购买鹅苗最好经过检疫，发现疫情应及时隔离治疗，待无疫情后将鹅群转移入鹅场饲养。鹅群应严格按照免疫程序进行免疫。

4. 注意防止中毒 养鹅的果园最好施用低毒农药，或者果园喷过农药、施过化肥后，暂时把鹅圈起来，或轮牧错开，15 天左右农药挥发失效后再放牧。

5. 注意防止潮湿 鹅虽然喜欢戏水，但是放牧休息时的场地需保持干燥凉爽，尤其是 50 日龄以内的雏鹅，更要注意防潮湿。

6. 注意防止雨淋 30～50 日龄的中雏鹅，羽毛尚未长全，抗病力较差，一旦被雨水淋湿，容易引起呼吸道感染和其他疾病。因此，在放牧时若遇下雨天，应及时将鹅群赶回鹅舍。

7. 忌追赶鹅群 鹅行走较缓慢，尤其是雏鹅最怕追赶，故在放牧过程中，切勿猛赶乱追。

8. 注意防止惊群 鹅胆小、怕惊，果园养鹅以远离公路、铁路为好，以防汽车、火车等鸣笛声使鹅惊群。

9. 注意饮水 虽然果树下能避光遮阴，但鹅如果没有喝足水会严重影响生长，所以要保证足够的饮水。

10. 注意防兽害 雏鹅缺乏自卫能力，在果园里养鹅要有良好的防范措施，防止野兽侵害鹅群。

四、养鹅品种选择

（一）我国的鹅品种

生态放养对鹅品种并没有限制，所有品种都可以放养，选择品种主要决定于鹅的用途，即产蛋还是产肉。我国鹅品种资源非常丰富，根据国家畜禽资源管理委员会调查，中国现有鹅品种 27 个，是世界上鹅品种最多的国家。

1. 按鹅的产品分类 可分为产肉、产蛋、产绒、产肥肝 4 类。

（1）产肉品种 中国大中型鹅种的生长速度很快，肉质较好，均可作肉用鹅，其中以狮头鹅、溆浦鹅、浙东白鹅、皖西白鹅较为出色。

（2）**产蛋品种**　我国产蛋量高的鹅种较多，有产蛋量可谓世界之最的五龙鹅（豁眼鹅，年产 100 枚蛋），还有籽鹅、太湖鹅、扬州鹅、四川白鹅等。

（3）**产绒品种**　产绒以白鹅最佳，首要有皖西白鹅、浙东白鹅、四川白鹅、承德白鹅等，但与法国和匈牙利培育的中型白羽肉鹅产绒量和绒质对比，还有一定的差距。

（4）**产肥肝品种**　国内狮头鹅、溆浦鹅、合浦鹅肥肝的功用很出色；而太湖鹅、浙东白鹅、长白鹅也有很大潜力。但它们均未经肥肝出产功用的专门化选育，与法国、匈牙利等国培育的肥肝专门化品种无法比。

当前我国还从国外引进了朗德鹅、莱茵鹅、丽佳鹅等世界著名鹅种：朗德鹅原产于法国，是世界上产肥肝功用最佳的鹅种；莱茵鹅原产于德国，是世界著名的中型绒肉兼用型鹅种；丽佳鹅原产于丹麦，是著名的肉蛋兼用型鹅种。

2. 按体型大小分类　鹅可分为大型、中型、小型 3 型。

大型有狮头鹅；中型有皖西白鹅、溆浦鹅、江山白鹅、浙东白鹅、四川白鹅、雁鹅、合浦鹅、道州灰鹅、钢鹅、长白鹅、永康灰鹅等；小型有五龙鹅、太湖鹅、乌鬃鹅（清远鹅）、籽鹅、长乐鹅、伊犁鹅、阳江鹅、闽北白鹅、扬州鹅、南溪白鹅等。

3. 按羽毛颜色分类　有白色、灰色两大系列。

白鹅有五龙鹅（豁眼鹅）、四川白鹅、浙东白鹅、扬州白鹅、闽北白鹅、舟山白鹅、河北白鹅、承德白鹅、上海白鹅、皖西白鹅、太湖鹅、籽鹅、长百鹅、南溪白鹅、浦城白鹅、江山白鹅、溆浦鹅、四季鹅等。

灰鹅有雁鹅、狮头鹅、乌鬃鹅、马岗鹅、阳江鹅、合浦鹅、长乐鹅、道州灰鹅、伊犁鹅、永康灰鹅、钢鹅等。

（二）国外引入优良鹅品种

1. 朗德鹅　朗德鹅原产于法国西南部的朗德省，由当地原有的朗德鹅与图卢兹鹅和玛瑟布鹅经长期连续杂交选育而成，是当前世界上最著名的鹅肥肝专用品种。

朗德鹅体型中等偏大，羽毛灰褐色，颈部近黑色，胸腹部毛色较淡，呈银灰色，至腹下部则为白色，颈羽卷曲，喙橘黄色，胫、蹼肉色，无肉瘤。在法国经过杂交选育已获得少数白羽朗德鹅，鹅毛的颜色 80%～90% 是白色的，大大提高了羽绒价值。

朗德鹅成年体重公鹅 7～8 千克、母鹅 6～7 千克，仔鹅 8 周龄活重可达 4.5 千克。10 周龄中净增重 4 595 克，为出壳体重的52.3 倍，平均日增重 65.6 克，其中 4～6 周龄生长强度最大，日增重最高达 91.7 克。肉用仔鹅经填肥，活重可达 10～11 千克，肥肝重达 700～800 克。

母鹅 180 日龄开产，一般 2～6 月份产蛋，年产蛋量为 35～40 枚，经选育可达 50～60 枚。平均蛋重 180～200 克。母鹅就巢性弱，公鹅配种能力差，公母配比为 1∶3，种蛋受精率为 50%～60%。

目前世界上有许多国家引进朗德鹅，除直接用于肥肝生产外，主要是作为父本品种与当地鹅杂交，提高后代的生长速度和肥肝生产性能。我国引进的朗德鹅也表现出了良好生产性能。在粗放的饲养条件下，据山东昌邑肥肝公司对 1 188 只鹅填饲测定，平均肥肝重 895.63 克，最重可达 1 780 克，肝料比为 1∶23.8，填饲期增重率62%～70%，填成率为 95.7% 左右。

2. 莱茵鹅 莱茵鹅原产于法国莱茵河流域，在 20 世纪 40 年代即以产蛋量高、繁殖力强著称。在培育过程中曾引入过埃姆登鹅的血缘，以改进其产肉性能。该品种在 1961 年引进匈牙利后，由于其繁殖率高，使匈牙利在短期内建立的大型鹅场获得成功，并使肉用仔鹅价格很快降了下来。因此，在匈牙利发展极快。

莱茵鹅全身羽毛洁白，雏鹅羽毛有灰黄色和黄色，6 周龄时全身羽毛变白，喙、胫及蹼呈橘黄色。莱茵鹅体型中等偏小，成年体重公鹅为 5～6 千克、母鹅 4.5～5 千克。

莱茵鹅母鹅成熟较早，7～8 月龄开产，年产蛋量为 50～60

枚，蛋重 150～190 克。公母配比为 1∶3～4，受精率 74.9%，孵化率为 80%～85%。

莱茵鹅在适当的饲养条件下，肉用仔鹅 8 周龄体重达 4.2～4.3 千克，料肉比为 2.5～3∶1，适于大型鹅场批量生产肉用仔鹅。

（三）养鹅品种选择

几乎绝大多数鹅品种都适合林果地放牧养殖，具体养什么品种，各地养鹅主要根据当地鹅种、饲养、消费习惯和条件来定。安徽喜欢养雁鹅、皖西白鹅，虽然产蛋少（年产蛋 30～40 枚），但种鹅分 3～4 个产蛋期，可四季产蛋孵化生产肉鹅。江苏省习惯饲养太湖鹅，年均产蛋较多（60 枚以上），喜欢仔鹅 2 千克左右上市，肉质较嫩。东北喜欢养豁眼鹅、籽鹅，年产蛋均在 100 枚以上。浙江省饲养浙东白鹅，优点是开产日龄早，约 150 天，可四季产蛋孵化生产肉鹅，60 日龄体重可达 3.5 千克。湖南饲养溆浦鹅，虽然年产蛋量较少（30 枚左右），但出肉率高，半净膛为 87.3%～88.6%，60 日龄体重 3 千克以上，肥肝性能较好可达 600 克。四川省和重庆市喜欢养四川白鹅，产蛋、产肉、产毛性能均衡，是一般规模养殖的首选品种，年产蛋 60～80 枚。

总之，过去各地由于环境条件、习惯和鹅种便利发展养鹅生产，一般小规模养鹅，在当地销售的仍可按上述饲养品种习惯发展养鹅生产。但今后养鹅生产应逐步走向产业化商品生产，生产要有规模，规模化产业化养殖，即以公司为龙头，统一饲养种鹅，群众饲养商品肉鹅，公司回收肉鹅屠宰加工销售。

决定养什么品种，要看生产目的和经济效益来选择鹅种。例如，以生产肥肝及肥肝酱为主，则应饲养狮头鹅、溆浦鹅和法国的朗德鹅或其杂交种，如专门生产鹅肥肝出口，应以饲养朗德鹅为主。如果以生产鹅肉为主，则应用杂交鹅，如太湖鹅♀（♀表示母鹅）×四川白鹅♂（♂表示公鹅）（或皖西白鹅♂、浙东白鹅♂），浙东白鹅♀×莱茵鹅♂（德国引进），豁眼鹅♀（籽鹅♀）×莱茵鹅♂（或朗德鹅♂、皖西白鹅♂），伊犁鹅♀×莱茵鹅♂，四川白鹅♀×莱茵鹅♂等杂交。也可用四川白鹅、扬州鹅、天府肉鹅、浙东白鹅、皖西白鹅、狮头鹅、溆浦鹅等品种生产商品肉鹅。

（四）鹅的杂交利用

我国地方品种鹅在肉用性能上普遍存在初生体重小，生长速度慢，育肥性能差等缺点，导致肉用仔鹅育肥时间长、出栏体重小、产肉量低、胴体品质差等缺陷，严重制约了肉用仔鹅与鹅肥肝商品生产的发展。鹅的杂交利用就是通过杂交迅速提高本地鹅肉用性能的主要措施。

比如，四川白鹅是我国优良的中型地方品种，具有良好的生产性能和繁殖性能。实践表明，用四川白鹅与国内外优良鹅种杂交，无论作为父本或作母本均具有良好的亲和力，其后代表现出明显的杂种优势。

鹅的杂交利用常用的杂交方式主要有两种：二元杂交和三元杂交。下面以四川白鹅为例介绍鹅的杂交利用方法。

1. 二元杂交 二元杂交就是2个品种杂交，也叫经济杂交，是鹅杂交利用既简单又常用的杂交方式。四川白鹅的二元杂交有两种模式：一种是用四川白鹅作母本，如用四川白鹅母鹅与莱茵鹅公鹅的杂交，见图3-1；二是用四川白鹅作父本，如四川白鹅公鹅与太湖鹅母鹅的杂交，见图3-2。

莱茵鹅（♂）×四川白鹅（♀）

↓

莱川杂种鹅（商品代）

图3-1 四川白鹅作母本的二元杂交模式

四川白鹅（♂）×太湖鹅（♀）

↓

川太杂种鹅（商品代）

图3-2 四川白鹅作父本的二元杂交模式

二元杂交的杂种后代全部用作商品鹅进行育肥屠宰利用，绝不能将杂种公鹅与杂种母鹅交配（横交）或将杂种公鹅与亲本母鹅交配（回交）。二元杂交的后代能获得明显的杂种优势。重庆市畜牧科学院的试验结果表明，莱茵鹅与四川白鹅为优秀的杂交组合，其杂种后代莱川鹅的生长育肥性能、产肉性能及肉品质量方面均具有明显的杂种优势（表3-3，表3-4）。陈兵等（1995）利用四川白鹅（公）与太湖鹅（母）杂交的结果表明，杂种仔鹅的日增重及饲料转化率均极显著地高于太湖鹅，且杂交鹅的肉质（色、香、味、嫩度等）则明显优于太湖鹅。

　　二元杂交要取得理想的效果，其关键是要选择体型较大、产蛋多的母鹅。要获得稳定杂交效果的关键是用于杂交的母本品种个体间的整齐度要高，基因要纯合。生产肉用仔鹅时若用四川白鹅作为父本，应要求其生长速度快、肌肉丰满、肉质好。二元杂交由于其繁殖技术简单，在生产中容易得到推广应用。

表3-3　莱川组合及其亲本品种各周龄体重　（单位：克）

品种或组合	初生重	2周龄	4周龄	6周龄	8周龄	10周龄
莱川鹅	84.03	448.00	1350.00	2100.00	3025.00	3550.00
莱茵鹅	86.78	451.08	1290.00	1990.00	2775.00	3280.00
四川白鹅	84.74	328.50	1130.00	1705.00	2450.00	2985.00

表3-4　莱川组合及其亲本品种的阶段日增重　（单位：克/天）

品种或组合	0~2周龄	3~4周龄	5~6周龄	7~8周龄	9~10周龄	0~10周龄
莱川鹅	26.00	64.42	53.57	66.07	37.50	49.51
莱茵鹅	26.02	59.93	50.00	56.07	36.07	45.62
四川白鹅	21.27	53.39	41.07	53.21	38.21	41.43

　　2. 三元杂交　三元杂交就是用3个品种或品系进行杂交，又称三系杂交，属复杂的经济杂交。如用四川白鹅（公）与太湖鹅

（母）杂交，并以其后代作为母本再以浙东白鹅为父本进行杂交，其后代均用于商品生产（图3-3）。结果表明，浙川太鹅生长速度明显高于川太及太湖鹅。

四川白鹅（♂）× 太湖鹅（♀）
↓
浙东白鹅（♂）× 川太鹅（♀）
↓
浙川太（商品鹅）

图3-3　四川白鹅作第一父本的三元杂交模式

三元杂交鹅全部进行育肥，绝不能将杂种公鹅作种用，与杂种母鹅或本地母鹅交配，更不能以本地公鹅与杂种母鹅交配。从理论上说，三元杂交后代100%的个体都能获得杂种优势。所以，总体上三元杂交效果优于二元杂交。目前，国内很多育种工作者正着手用外国引进鹅种与本地鹅品种进行配套杂交生产。如谢庄等（1993）以四川白鹅（公）与太湖鹅（母）杂交后代为母本，以朗德鹅、莱茵鹅、浙东白鹅为父本进行三系配套杂交，其后代朗川太、莱川太生长速度极显著地高于浙川太、川太及太湖鹅，表明用欧洲鹅种与中国鹅种进行配套杂交生产肉仔鹅效果显著。

3. 杂交亲本的选择　我国具有丰富的鹅品种资源，由于各地方品种间长期进行闭锁繁育，遗传基础狭窄，也使得各地方品种间的生产性能存在较大的差异。为了发掘各地方鹅品种的生产潜力，并提高其生产性能，提高养鹅整体效益。因而育种工作者对不同地方品种进行探索性杂交试验，以期选出各地方品种间最优杂交组合，充分利用杂种后代的杂种优势来改良鹅的生产性能。

（1）母本的选择　以四川白鹅作为父本改良地方品种，其母本应选择产蛋多繁殖性能强的小型鹅种为宜。实践表明，用四川白鹅改良小型鹅种其杂交优势明显，改良效果好。如骆国胜等（1998）用四川白鹅（公）与四季鹅（母）杂交，结果表明杂交鹅生长速度极显著高于四季鹅，与四川白鹅相比也明显表现出一定的杂种优势。杨茂成等（1993）报道，用四川白鹅作父本与豁眼鹅杂交，其杂交种后代也表现出明显杂种优势。

（2）**父本的选择**　若以四川白鹅作为杂交母本，其父本应选择体重大，生长速度快，饲料转化率高的鹅品种，最好选择引进品种朗德鹅、莱茵鹅以及国内大型品种如浙东白鹅等。这种杂交方式用于改良四川白鹅，其杂种优势明显。据段宝法等（1994）报道，朗德鹅、莱茵鹅（公）与四川白鹅（母）杂交后代的 80 日龄体重比四川白鹅分别提高了 31% 和 14%。

（3）**加强亲本品种选育**　由于杂种优势的遗传基础是显性、上位、超显性，而这些效应的大小取决于亲本各自的纯合度和亲本间彼此的差异度。因此，加强杂交亲本品种的选育，提高其种群内各个体间性状的整齐度，扩大亲本品种间的遗传差异，才能提高杂交亲本间的杂种优势。

五、养殖季节、育雏时间的确定

（一）养殖季节的确定

生态养鹅根据养殖场地类型的不同，相应的就有养殖季节的选择和限制。有的养殖场地有季节限制，有的就没有。例如，南方的林下、果园、草山荒坡等生态养鹅就没有季节限制，一年四季皆可养鹅，而北方由于气候寒冷，冬天就不能生态放养了。又如，冬闲田这类利用闲田的，就有季节限制了，只有在秋季 9 月份稻谷收获后才能种草养鹅，一般是从 10 月份开始养，可养到第二年的 3 月底，4～5 月份就准备用来种植水稻了。

（二）育雏时间的确定

根据养殖地域、场地、类型的不同，从而制定不同的进雏育雏时间。例如，利用冬闲田养鹅的，就可以在稻谷收割后的 9 月份或

10月份进雏育雏，待小鹅长到 1 个月后，就可下地放牧了，此时田里有散落的稻谷，不久后也有再生稻长出来供仔鹅采食；而对于利用冬闲稻田种草养鹅的，当仔鹅长至 1 个月时，稻田里种的牧草也生长出来供鹅放牧采食，也可刈割喂鹅。

对于想在春季养鹅来代替人工除草的果园，最迟应在开春后的 4 月初左右进鹅到场，因为此时果园里的杂草已经开始旺盛生长，鲜嫩可口，并覆盖地面，鹅在此时进场，既有大量鲜嫩可口的青绿饲草可吃，又由于杂草已盖住地面，果园土壤也不会很快地让鹅践踏板结。同时，杂草也会得到充分的利用，不会长得太高太老。

以饲养种鹅为目的的，南方以 2～3 月份育雏为宜。这时日照时间逐渐延长，气温日趋上升，保温育雏后的中雏可以采食到优质的嫩草，鹅生长快，体质健壮，成年鹅体型大、开产早，当年 9 月份就可产蛋，并能在春节前孵出一批雏鹅，且雏鹅的生长速度较快。北方则应在 4～6 月份育雏。这时气候适宜，有利于小鹅成活和生长发育，中雏阶段能充分利用夏季茂盛的青草和秋季收获后的茬地放牧，既可节省大量的精饲料，降低成本，更可培育出健壮的成年鹅。

鹅育雏时间的长短，应根据当地当时的气温来定。冬季育雏时间为 1 个月左右，春秋季育雏时间 15 天左右，夏季育雏时间在 7 天以内。具体脱温时间以当时外界温度而定。

---- 第四章 ----

场地选择、鹅舍的建造与设施

一、场地选择及鹅舍的建筑原则

（一）场地选择

果园、林下规模化养鹅应慎重选择场址，应远离水泥、化肥、化工机械厂、屠宰厂、公路主干道、集贸市场等，选择相对安静的林果地来减小噪声污染；选择雨季不易成涝或暴发山洪、地势相对高燥平坦的滩涂林地，避免空气、尘埃、水源、病菌和噪声等污染。林地的选择也不能过于偏僻遥远，还要考虑养殖管理区道路、水电、场地等建设成本，包括物资产品等的运输、技术人员服务距离、时间及疫病防控问题等。

林下养鹅也需要棚舍，这是鹅群晚间宿营的重要空间。根据果园林地规模的大小，放牧鹅舍应该建造在果园林地的中心地段，以便鹅觅食及活动。鹅舍的坐向应该是坐北朝南，冬暖而且夏凉，通风也好。地点应选在背风向阳、地势较平坦、不积水的地方。如果林果地有池塘等水源，则棚舍可建在水源附近。

（二）鹅舍的建筑原则

用于林下生态放养的商品鹅舍，建造应从简，经济实用为目的。鹅舍要保温、挡风、不漏雨、不积水。林园棚舍建设应遵循以下原则。

一是鹅棚能为肉鹅生产提供优良的生长环境。包括适宜的温度、湿度、光照，便于通风换气、防寒保暖、排水、清粪、排污、消毒，有利于环保，经济适用。

二是鹅棚建设采用因地制宜原则，规模较小的鹅场或饲养户建造简易房舍时可就地取材，充分利用木材、毛竹、树枝、帆布、油布、稻草等当作屋顶，舍内可以用砖柱或木柱支撑屋顶，减少大梁及椽的使用。鹅舍坐北朝南，也可搭建塑料大棚，简单但美观实用。每个棚舍对应于1个果树地饲养单元，内应设置相应的鹅饮水和喂料的设备，设备应方便清洗消毒。同时，应具备良好的防鼠、防黄鼠狼、防鸟设施。

三是大棚应建在地势较高，排水良好，通风透光的林间空地上，大棚设计跨度以林间行距为限，长度可根据饲养数量灵活掌握，每棚以饲养500～1 000只为宜，棚内可设分隔间。鹅的饲养密度为：1～15日龄雏鹅1米^{2}可容10～15羽，15～30日龄8～10羽，30～60日龄5～6羽，60日龄以上3～4羽。

四是鹅棚还应具备：容易移动，抗大风、雨、热、冷，建造和维护成本低，顶的高度可以让饲养员站立为宜。

在放牧地边界上，应架设1.5～2米高的铁丝网或尼龙网、竹竿、树干作围栏，防止丢失。围栏每间隔2米打一木桩，把塑料网固定在木桩上即可（也可用竹子编成竹篱笆）。

另外，除了修围栏，也要有简单的设备，料桶和饮水器应根据饲养鹅的数量而定，一般按每20～25只鹅配1只料桶和1个饮水器，放鹅时这些设备应摆在舍外。

二、鹅舍类型与建造

（一）根据饲养鹅的年龄结构分

鹅舍可分育雏舍、仔鹅舍（育成舍）和种鹅舍。

1. 雏鹅舍　雏鹅的保暖期在 20 天左右。对育雏舍的要求是保暖良好，空气流通而无贼风。每栋育雏舍的面积以每个生产单元饲养 800～1 000 只雏鹅为宜。

育雏舍檐高 2 米，窗与地面积比例为 1∶10～15。舍内可分成若干个单独固定的育雏间（也可用活动隔离栏栅分隔），每小间的面积为 25～30 米^2，可容纳 30 日龄雏鹅 100 只。舍内地面应比舍外高 25～30 厘米。地面可用黏土或沙土铺平压实，或用水泥地面。为防疫消毒和除粪方便，一般是采用网上平养育雏（图 4-1，图 4-2）。

图 4-1　网上单层双列育雏

图 4-2　网上多层双列育雏

2. 仔鹅与育成鹅舍　在气候温和地区可采用简易棚架鹅舍。单列式的四面可用竹围或栏栅，围高 65 厘米，每根竹竿间距 5.5～6 厘米，以利鹅伸出头采食和饮水。双列式棚架鹅舍，可在鹅舍中间设通道，两旁各设料槽和水槽。料槽上宽 30 厘米，底宽 24 厘米，高 23 厘米；饮水槽宽×高为 20 厘米×12 厘米；棚架离地面约 70 厘米；棚底以竹编织而成，竹条间隙约 3 厘米，以利漏粪。育成棚分若干小栏，每小栏面积约 12 米²，可容纳四川白鹅育肥鹅 70～80 只。

3. 种鹅舍 种鹅舍建筑视地区气候而定，可建固定和简易两种鹅舍。每栋种鹅舍容量以 400～500 只为宜。鹅舍檐高 1.8～2 米，窗与地面比例为 1∶10～12，气温高的地区朝南方向可无墙全敞开。舍内地面比舍外高 10～15 厘米，每平方米养四川白鹅 3 只，大型种鹅养 2～2.5 只/米²，小型种鹅养 3～3.5 只/米²。

在种鹅舍的一隅设产蛋间或产蛋栏，可用高 60 厘米竹竿围成，开 2～3 个小门，地面铺上细沙，或木板上铺稻草。种鹅舍正面设陆上和水面运动场。

陆上运动场一般应为舍内面积的 2～2.5 倍；水上运动场可与陆上运动场面积相当，水深 80～120 厘米为宜（图 4-3，图 4-4）。

图 4-3　种鹅运动场

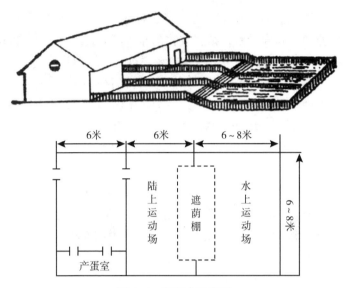

图 4-4 种鹅舍示意图

（二）根据养鹅规模来分

鹅舍可分为简易鹅舍、小规模鹅舍和集约化鹅舍。

1. 简易鹅舍 一般用于在 4～10 月期间商品肉鹅和子鹅、青年鹅的饲养，这种鹅舍因其成本低，容易修建，更适合生态放牧养鹅。

在南方地区，为了节省开支，可以修建简易棚舍饲养鹅。常见简易棚舍为拱形，就地取材，用竹木搭建，也有用旧房舍改造而成。棚的高度为 1.8～2.5 米，便于饲养者出入，宽度 3～4.5 米，便于搭建，长度可根据地形和饲养数量而定，但中间要用棚栏或低墙隔开，分栏饲养。棚顶用芦苇席或草苫板盖，上面再盖上油毛毡或塑料布，防止雨水渗漏。夏季开放式饲养，棚舍离地面 1 米以上改为敞开式，以增加通风量。冬季棚舍四周要加上尼龙编织布、草苫等防风保暖材料遮挡寒风。为了防止舍内潮湿，在棚舍的两侧设排水沟，水槽或饮水器放置在排水沟上的网面上。

北方地区温暖的季节，在草场、林地、滩涂边建成简易棚舍，用来饲养种鹅和商品鹅，结合放牧饲养，可节省房舍开支和饲料成本，提高饲养效益。棚舍可适当建大一点，增加饲养数量。

2. 小规模鹅舍　适合北方冬季寒冷地区的小型饲养场和专业户，饲养种禽和商品禽均可。房舍为砖木结构，要求防寒保暖，舍内地面要高出运动场 25～30 厘米，舍内为水泥地面、砖地或三合土地面。作为育雏舍，一般采用地下烟道供暖，供暖效果好，运行成本低。

房舍高度 2～2.5 米，跨度 4.5～5 米，单列式饲养，排水沟设在房舍一侧，单间隔开（低墙或栅栏），每间约 15 米^2，饲养种鹅40 只。运动场为三合土打实压平，面积为舍内面积的 2～3 倍。连接运动场和水面为滩地，为一斜坡，坡度 30° 最好，为了防止滑倒，在上面可以铺设草垫。

3. 集约化鹅舍　大型饲养场便于进行规模饲养和现代化管理。集约化鹅舍包括各种类型房舍，为砖木或混凝土结构，水泥地面便于消毒，经久耐用，投资较大，环境控制较好。包括育雏舍、育成舍、种禽舍等。鹅舍高度一般在 3～3.5 米，跨度 6～8 米，双列式饲养，排水沟设在房舍中央。育雏期可以进行笼养或网上平养。

4. 生态放牧养鹅的简易鹅舍

（1）简易塑料大棚鹅舍　塑料大棚养鹅是养鹅户们常用的一种养殖模式，该模式有众多的优势，吸引了很多养鹅户采用。在采用该养殖模式之前，养鹅户们需要了解塑料大棚养鹅技术，做好塑料大棚的建设工作（图 4-5，图 4-6）。

①简易大棚的使用范围　简易大棚适用于：资金比较紧张而且稍有规模的投资者，因为大棚的建造比较便宜。饲养场地不固定，有可能 1～2 年更换场地的，比如放养等，这类鹅苗棚也可以使用大棚。

但从技术角度说大棚养鹅苗存在不少弊端，一般情况下不推荐使用大棚养鹅苗：大棚往往采用塑料封闭，因此透气性差，棚内的

图 4-5 简易塑料大棚仔鹅舍　　　　图 4-6 简易塑料大棚种鹅舍

湿度往往难以控制，湿度大是养鹅苗的大忌。不少养鹅户往往是因为图便宜和省事而使用大棚养鹅苗的，所以地面大都是泥地，泥地再加上大棚的透气性差共同导致大棚内地面往往比较潮湿，甚至雨天会更严重，这些是养鹅苗的最大隐患。大棚的保温性能差，而且牢固性不够。

　　由于大棚的建造便捷、投资少，因此非常适合投资生态养殖的养鹅户。

　　②大棚鹅舍的材料选择

　　大棚架：大棚架一般都是采用钢结构的，这个当地的应该都有卖，当然也可用大竹或木条搭建。与蔬菜大棚的结构一样，高度上要有所要求，至少人能正常进出管理。

　　大棚封闭材料：比如塑料膜（采用较多）、稻草苫（保温用）、压膜线（加固塑料膜和草苫用）、大棚内的承重木或柱、木头或毛竹（搭栖架用）。

　　③大棚建造的注意点

　　面积要求：每个大棚的建造面积不宜过大，建议每棚容纳不超过4 000只为好，容量过大很容易造成突发事件到时候追悔莫及。如果是4 000只鹅苗的规模建议建造面积为250米^2。

　　地面要求：地面最好铺设砖结构或用网，无论如何都要保证地面的干燥，如果没有这样的条件那么在管理上一定要多下功夫，确保鹅苗舍内尽量干燥。舍内地面垫高，舍外挖沟以利排水。

④塑料大棚养鹅技术

温湿度控制：育雏前1天温度控制在32℃左右，若天气较冷，育雏室最好搭建棚中棚，即在棚内用薄膜隔开形成小环境，以利保温。育雏温度同室内育雏，可通过人工加温加湿和开启塑料薄膜的高低程度来调节。春秋季是大棚养禽（鹅）的黄金季节，除育雏适当加温外，其余时间不需要或很少加温。一般在早晚和夜间，四周薄膜全部放下，其余时间根据气温高低来调节开启高度。盛夏温度高，四周开口可全开启，以便通风，使大棚呈"凉亭"效应。若遇闷热无风天气，可向大棚内外喷水降温或通过风扇降温。

饲养：大棚养鹅通常采用棚中棚育雏或舍内育雏21天，后期关养与放养相结合。日粮：1～28日龄，全价配合饲料，加喂牧草或其他青料；28～63日龄，配合料加牧草或其他青料；63～70日龄，喂谷物料（育肥）。日粮中均加入0.2%赖氨酸。

卫生消毒：雏鹅进舍前，应彻底打扫与清洗圈舍、水食槽等用品，用氢氧化钠进行场地消毒或用福尔马林进行熏蒸消毒。每天应清洗水槽。鹅的饲养过程中，可实行带鹅消毒。在消毒前先打扫舍内卫生，以提高消毒效果和节省药物的用量。选用广谱、高效而又毒性低、刺激性小的消毒剂，如百毒杀等，连鹅群带饲养场地一起消毒。一般1周2～3次，夏季、疾病多发期或热应激时，应每天消毒1次。

（2）其他简易鹅舍　简易鹅舍的框架也可用大竹或木条、土胚、砖块、油毡纸，屋顶用石棉瓦或其他材料，但成本就要高一些，如图4-7，图4-8，图4-9。

（3）临水放牧式鹅舍　这类鹅舍适合养种鹅和育成鹅。要选择在溪、渠、塘或水库的弯道处，溪渠岸边的坡度愈平坦愈好，以便于紧接水围设立陆围。禽舍附近的水稻田中的天然动植物饲料要丰富。放牧类鹅场应包括水围、陆围和棚子三部分。水围由水面和给料场两部分组成，主要供鹅白天休息、避暑、饲喂。紧接水围设稍有倾斜的陆地给饲场，地上铺上晒席或塑料薄膜，饲料就投在晒席或塑料薄膜上。水围之上搭棚遮阴和避雨。陆围用竹编的方眼围篱围栏，供鹅过夜用，选择在地势较高而平坦的地方设立，距水围愈近愈好。陆围高约 50 厘米，面积视禽群大小决定。棚口面对陆围，以便在夜间照看（图 4-10）。

图 4-7　砖木瓦简易鹅舍

图 4-8　砖瓦简易鹅舍

图 4-9　砖瓦双列式开放式鹅舍

图 4-10　临水放牧式砖瓦鹅舍

三、鹅舍配套设施

（一）育雏设备

1. 自温育雏栏　用50厘米高、长短不同的竹编成的蓖围，在舍内围成可挡风的若干小栏，每一小栏可容纳雏鹅100只以上。以后可随雏鹅日龄增大而扩充围栏的面积。栏内铺以垫草，栏面架以竹条，盖上覆盖物保温。此法育雏管理比较方便，垫料用短稻草或木屑为宜。

2. 给温育雏设备　给温育雏多采用火炉和电力发热给温，此类设备种类较多，如煤炉、炕道、暖气管和红外线灯等。其优点是适合于寒冷季节大规模育雏，可提高育雏效果和管理定额，但费用较高。

（1）烟道　其热源为煤炉或热风炉，热源使烟道温度上升，从而为雏鹅供暖。烟道分为地下烟道、地上烟道和火墙烟道3种。室内一般设3～5条烟道即可，此加温方式优点是温度平稳、地面干燥、育雏容量大，且节约电能、成本低，特别适合于煤区和电力不足的地区使用。地下烟道虽升温较慢，煤耗量大，但地面无阻碍物，饲养管理方便，所以一般仍采用地下烟道育雏。地面烟道升温快，但不利于管理，且育雏面积小。但若采用离地面50～60厘米高的网上育雏则其效果最好。因烟道位于网面下，其下部离地面约25厘米，不碍事也不妨碍饲养管理操作（图4-11）。

（2）电热育雏伞　电热育雏伞是利用电力供暖的伞形育雏器，伞内温度可以自动调控，

图4-11　烟道式网上育雏

管理方便，在电源稳定地区使用较好。伞罩有圆形、方形和多边形等多种（图4-12）。

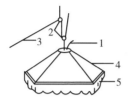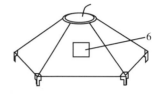

图4-12　电热育雏伞

1.电线　2.滑轮及滑轮线　3.悬吊绳　4.伞罩　5.软围裙　6.观察孔

伞罩上部小，直径约30厘米，下部大，直径100～120厘米，高约70厘米。伞罩下缘安装一圈电热丝，也有的在内侧顶端安装电热丝或远红外加热器，并与自动控温装置相连。伞下缘每10厘米钉上厚布条。每个电热育雏伞置于地面或悬挂，可育雏鹅150～200只。

（3）**红外线灯**　可直接用于舍内加温供热。常用灯泡功率为250瓦，有发光和不发光两种，在地面垫料育雏或网上育雏均可使用。使用时悬挂高度为40～60厘米，以通过调节灯泡高度来调节温度。红外灯发热量高，加温时温度稳定，舍内垫料干燥，管理方便。不足之处是耗电量较大，灯泡易损坏，成本较高，供电不稳定地区不宜使用（图4-13）。

图4-13　红外线小间网上育雏

（二）喂料器和饮水器

1. 喂料器　喂料器有料盘、料桶、料槽等多种形式（图4-14），有条件时还可使用自动喂料系统。

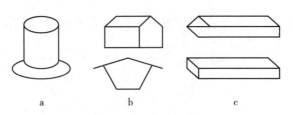

图 4-14　喂料器

a. 料桶　b. 料箱　c. 料槽

（1）料盘　主要用于雏鹅开食，一般长 40 厘米、宽 40 厘米、边缘高 2～2.5 厘米，每个料盘可供 35～40 只雏鹅使用。

（2）料桶　料桶适用鹅各阶段饲喂。其制作材料为塑料或玻璃钢，容量 3～10 千克。其特点是容量大，可一次性添加大量饲料，饲喂次数少，对鹅群的影响小。

（3）料　槽

①育肥鹅料槽　育肥鹅料槽上宽 30～35 厘米、底宽 24 厘米、高 20～23 厘米、长 50～100 厘米。为防止鹅采食时浪费饲料，料槽底可高出地面 20 厘米。

②种鹅料槽　种鹅料槽上宽 40～43 厘米、底宽 30～35 厘米、高 10～20 厘米、长 100～120 厘米。

（4）自动喂料系统　自动喂料系统包括驱动器、料箱、料槽、输料管和转角器。该系统只需人工将饲料加入料箱，其余全部自动化喂料。饲料在驱动器钢缆带动下，经料箱和输料管进入料槽供鹅采食。自动喂料系统适用于地面或网上平养方式使用。

2. 饮水器具　饮水器具有水盆、水槽和饮水器等多种（图 4-15）。

（1）水盆　水盆一般直径 50～60 厘米，高 15～20 厘米，可作为育成鹅和种鹅饮水用。

（2）水槽　育肥期水槽宽 20 厘米、高 12 厘米、长 100 厘米。种鹅水槽上宽 40～43 厘米、底宽 30～35 厘米、高 10～20 厘米、长 100～120 厘米。

（3）饮水器　雏鹅育雏期一般常用真空式塑料饮水器。

图 4-15 各种饮水器具

（三）围栏和产蛋箱

围栏可用竹或苇条编制成，高 15～20 厘米、长 60～70 厘米，育雏或捉鹅时使用。

种鹅若需做产蛋个体记录，则可采用自动关闭产蛋箱。母鹅可以自由进入产蛋箱产蛋，但不能任意离开，要待集蛋者记录后提出。

产蛋箱高 50～70 厘米、宽 50 厘米、深 70 厘米。箱底无木板，直接放置在地上，箱前设自闭小门，箱顶安装活动盖板。

（四）运 输 笼

运输笼用竹编制或塑料制成，一般直径 75 厘米、高 40 厘米，笼顶设一直径 35 厘米圆形小盖，用于运输肥鹅。

（五）照明设备

照明设备包括白炽灯、荧光灯、照度计和光照控制器等。

1. 照度计 照度计用于测定鹅舍内的光照强度。

2. 光照控制器 可利用定时器自编程序控制器来控制舍内光照时间，自动测定光照强度，天明自动关灯，阴雨天自动开灯，开关灯时通过电压自动调节光照的明暗程度。

第五章

鹅的营养需要和饲料

一、鹅的营养需要

鹅没有牙齿，用喙采食，牧草及饲料进入消化道后，主要靠肌胃磨碎。牧草与饲料经磨碎、湿润、软化后，呈小碎片或糜糊状进入肠道，大部分在肠道吸收。被吸收的营养物质一部分用于维持鹅的生命，通过新陈代谢而被消耗掉；另一部分则形成蛋、肉、羽毛、骨骼等。不能被鹅吸收利用的牧草饲料残液等，随粪便排出体外。

鹅的营养需要可分为维持需要和生产需要。鹅用于维持正常生命活动所必需的营养需要称为维持需要；而用于转化蛋、肉、羽等鹅产品的营养需要称为生产需要。为了维持和生产，鹅需要蛋白质、脂肪、碳水化合物、维生素和矿物质等多种营养物质。鹅的一切生理过程，包括运动、呼吸、血液循环、消化吸收、体温调节等都需要能量。能量的主要来源是碳水化合物和脂肪，日粮中蛋白质多余时也可分解产生热量，但用蛋白质转化热量，在经济上不划算。在鹅营养需要中，蛋白质是构成蛋、肉、羽等鹅产品的主要成分，所以能量和蛋白质是评定鹅营养需要和饲料质量的主要指标。鹅营养中，能量常用代谢能（焦耳/千克）、蛋白质常用粗蛋白质（%）表示。

养鹅的目的是为了生产鹅肉、鹅蛋，或是生产种蛋、繁殖小鹅，或是提供羽绒。因此。必须根据生产目的供给足够的营养物质，才能生产出更多的鹅产品，从而获取经济效益。

（一）蛋 白 质

蛋白质是一切有机体的主要结构物质，几乎占细胞重的1/2，可以说没有蛋白质就没有生命。蛋白质由氨基酸组成，是鹅体细胞和蛋的主要成分，鹅的肌肉、皮肤、羽毛、神经、内脏器官以及酶类、激素等均由大量蛋白质构成。饲料中蛋白质不足会影响鹅生长发育和产蛋量及蛋重。另外，蛋白质还是组织更新、修补的主要原料，在机体营养不足时，可分解供能，维持机体的代谢活动。因此，蛋白质是维持机体正常代谢、生长发育、繁殖和形成蛋、肉、羽等的最重要营养物质。当日粮中蛋白质不足时，雏鹅生长缓慢，羽毛生长不良，成年鹅开产期延迟，产蛋率下降，蛋重小，抗病力降低，严重时体重减轻，产蛋停止，甚至死亡。

要提高饲料蛋白质的营养价值，可采取以下措施：

①配制蛋白质水平适宜的日粮。蛋白质水平过低，不仅会影响鹅的生长和产蛋率，如长期缺乏还会影响健康，导致鹅贫血，免疫功能降低，容易患疾病。蛋白质水平过高，不仅造成蛋白质浪费，提高了饲料成本，还会加重肝肾负担，容易使鹅患上痛风病，导致瘫痪。因此，应根据鹅的不同生长发育阶段和生产水平，合理配制蛋白质水平适宜的日粮。

②添加蛋氨酸、赖氨酸等限制性氨基酸，提高饲料蛋白质的品质，使氨基酸配比更理想。

③维持日粮能量与蛋白质、氨基酸的比值在适宜水平，比值过高或过低，都会影响饲料蛋白质的利用。

（二）能 量

1. 能量的来源　鹅的一切生理活动过程，包括呼吸、循环、消化、吸收、排泄、体温调节、运动、生产产品等都需要能量。饲料中碳水化合物和脂肪是鹅能量的主要来源，某些情况下，如蛋白质过量或机体营养不足时，蛋白质也可分解产生能量。能量的衡量单位为焦（J）、千焦（kJ）和兆焦（MJ）。

含脂肪较多的饲料有豆类、饼类、米糠及一些动物性饲料如蚕蛹、鱼粉等，适当的脂肪含量能增加饲料的适口性和消化率，但饲料或日粮中脂肪含量过高，容易酸败变质，影响适口性和产品质量，在生产上要注意密封并置于阴凉干燥处保存。在肉用仔鹅的日粮中可添加 1%～2% 的油脂来满足其高能量的需要。由于脂肪在代谢过程中热增耗相对较小，因此在日粮中可用部分油脂代替碳水化合物。

2. 饲料能量与采食量的关系　在自由采食时，与其他动物一样，鹅有调节采食量以满足能量需要的本能。日粮能量水平不同，鹅采食量会随之变化，从而影响蛋白质和其他营养物质的摄取量。所以，配制日粮时，要考虑采食量，应注意能量与蛋白质（或氨基酸）的比例，以及其他营养成分的含量。当能量水平发生变化时，蛋白质和其他营养成分应相应调整。

（三）维 生 素

维生素，顾名思义就是维持生命所必需的成分。维生素不是形成机体组织器官的原料，也不是能源物质。它是一类动物代谢所必需而需要量极少的低分子有机化合物，它们主要以辅酶和催化剂的形式广泛参与体内代谢的多种化学反应，从而保证机体组织器官的细胞结构和功能正常，以维持动物的健康和各种生产活动。鹅体一般不能合成维生素，必须从食物中获得，饲料中不足或缺乏时，会引起相应的缺乏症。

影响鹅对维生素需要量的因素有如下几种。

①不同的生理特点、生产水平，对维生素的需要量不同。一般种鹅对维生素的需要量高，生长速度快、生产性能高的鹅需要的维

生素也多。

②饲养方式不同，需要量也不一样。一般放牧饲养的鹅不易发生维生素缺乏症，而圈养、笼养等集约化饲养方式会增加鹅对维生素的需要量。

③应激、疾病及恶劣环境条件会增大维生素的需要量。

（四）矿物质

矿物质不仅是构成骨骼、羽毛等体组织的主要组成成分，而且对调节鹅体内渗透压，维持酸、碱平衡和神经、肌肉正常兴奋性，都具有重要作用。同时，一些矿物元素还参与体内血红蛋白、甲状腺素等重要活性物质的形成，对维持机体正常代谢发挥着重要功能。另外，矿物质也是动物产品的重要成分，如形成蛋壳的原料。如果这些必需元素缺乏或不足，将导致鹅物质代谢障碍，降低生产力，甚至导致死亡；若矿物元素过多则会引起机体代谢紊乱，严重时也会引起中毒和死亡。因此，日粮中提供的矿物元素含量必须符合鹅的营养需要。

鹅体内具有营养生理功能的必需矿物元素有 22 种。按矿物元素在鹅体内的含量不同，可分为常量元素和微量元素，占鹅体重 0.01% 以上的元素称为常量元素，占鹅体重 0.01% 以下的元素称为微量元素。鹅需要的常量元素有钙、磷、氯、钠、钾、镁、硫，微量元素主要有铁、铜、锌、锰、碘、硒、氟、钼、铬、硅、钒、砷、锡、镍等，后几种必需元素鹅需要量极微，实际生产中基本上不出现缺乏症。

实际生产中，除注意满足钙、磷需要外，还要注意钙磷比例，两者比例适宜，有助于钙、磷的吸收利用。鹅日粮中的钙磷比例，一般以 $1.2 \sim 1.5 : 1$ 为宜，产蛋鹅比例，一般为 $4 \sim 5 : 1$。维生素 D 可促进鹅对钙、磷的吸收与利用。动物性饲料中的钙、磷一般具有较高的利用率。生产上能作为补充钙、磷的饲料种类很多，常用的有骨粉、石灰石粉、贝壳粉、磷酸氢钙等。

（五）水

动物生存对水的需要比对其他营养物质的需要更重要。大多数动物对水的摄入量远比三大营养素大。水是鹅体及鹅产品的主要构成成分，如雏鹅体内含水分约 70%，成年鹅体内含水分 50%，鹅蛋含水 70%。水参与鹅生理活动的全过程，体内营养物质的消化、吸收、运输、利用及废物排出，体温调节等都依赖水的作用。若缺水，会导致血液浓稠，体温升高，饲料的消化、吸收和分解产物的排出发生障碍，严重时可引起死亡。

二、鹅的常用饲料

鹅的常用饲料分为能量饲料、蛋白质饲料、青绿饲料、矿物质饲料、维生素饲料及饲料添加剂等。单一饲料原料中所含的营养物质不能满足鹅的营养需要，要根据各种原料的营养特点，结合动物的消化生理特性，合理配制日粮，满足鹅生长和生产需要。

（一）能量饲料

能量饲料是指干物质中粗纤维含量低于 18%、粗蛋白质含量小于 20% 的谷实类、糠麸类、块根块茎及其加工副产品等饲料。这类饲料在鹅日粮中占的比重较大，是能量的主要来源。

1. 谷实类 谷实类包括玉米、大麦、小麦、高粱、稻谷等，营养特点是：淀粉含量高，有效能值高，粗纤维含量低，适口性好，易消化；粗蛋白质含量低，氨基酸组成不平衡，色氨酸、赖氨酸、蛋氨酸少，生物学价值低；矿物质中钙少磷多，植酸磷含量高，鹅不易消化吸收；维生素 E、维生素 B_1 较丰富，维生素 C、维生素 D 贫乏。因此，在生产上应与蛋白质饲料、矿物质饲料和维生素饲料搭配使用。

玉米是配合饲料中的主要能量饲料。黄玉米胚乳中含有较多的色素，主要是胡萝卜素、叶黄素和玉米黄素等，对保持蛋黄、皮肤及脚部的黄色具有重要作用。在配制以玉米为主体的全价配合饲料时，应与大豆粕（饼）及鱼粉搭配，容易达到氨基酸平衡。

2. 糠麸类　这类饲料是谷实类的加工副产品，如米糠、麦麸等，含碳水化合物 40% 左右，粗蛋白质 12%～13%，富含 B 族维生素，如维生素 B_1、B_2 和泛酸等。对于雏鹅和产蛋鹅，麦麸占日粮的 5%～15%，育成鹅可提高到 10%～25%。米糠宜熟喂，其用量占日粮的比例为雏鹅 5%～10%、育成鹅 10%～20%。统糠等粗纤维含量高，木质素成分多，不易消化，肉用仔鹅和产蛋期的种鹅日粮中应尽量少用，在育成鹅限饲阶段可适当多用。

3. 块根、块茎和瓜类　常用的有甘薯、马铃薯、胡萝卜、南瓜等。由于它们适口性好，鹅都喜欢吃，但养分往往不能满足需要，应搭配其他饲料。

4. 其他能量饲料　主要包括动植物油脂、乳清粉等，种类虽少，但在动物饲料中具有举足轻重的地位。由于对鹅生产性能的不同要求，对饲料养分浓度尤其是能量浓度的要求愈来愈高，如生产鹅肥肝，用常规饲料难以配制高能量饲粮，需添加油脂。禽类饲料中添加油脂，可提高产蛋率，增加蛋重。

（二）蛋白质饲料

干物质中粗蛋白质含量大于 20%、粗纤维含量小于 18% 的饲料属于蛋白质饲料。这类饲料包括植物性和动物性两大类。豆类和油饼类饲料属于植物性蛋白质饲料，它们一般含粗蛋白质 30%～45%，所含各种必需氨基酸比谷实类丰富。鱼粉、肉骨粉和蚕蛹为动物性蛋白质饲料，这类饲料含有大量优质的必需氨基酸以及维生素和矿物质等，易消化吸收，营养价值高。我国传统养鹅极少用这类饲料，常言"鸭食荤，鹅食素"，但事实上，在有条件的情况下，在日粮中添加少量动物性蛋白质饲料，对促进雏鹅生长发育是十分有效的。

1. 植物性蛋白质饲料 包括豆类子实、饼粕类和其他植物性蛋白质饲料。这类蛋白质饲料是鹅配合饲料中最常用、使用量最多的蛋白质饲料。这类饲料有以下共同特点：蛋白质含量高，且品质较好，蛋白质含量达 30%～40%；粗脂肪含量变化大，油料子实含 30% 以上，非油料子实含 1% 左右，饼粕类因加工工艺不同差异较大，高的为 10%，低的仅 1% 左右；粗纤维含量低；钙少磷多，且主要是植酸磷；维生素含量与谷物相似，B 族维生素较丰富，而维生素 A、维生素 D 较缺乏；大多含有一些抗营养因子，经适当加工调制可以提高其饲用价值。

（1）**豆类** 大豆（粗蛋白质含量为 32%～40%）、豌豆（粗蛋白质含量约 24%），这两种豆类不宜生喂。

（2）**豆饼类**

①大豆饼（粕） 其粗蛋白质含量在 40% 以上，品质接近动物蛋白质，含赖氨酸较多，蛋、胱氨酸含量不足，添加合成蛋氨酸后，可代替鱼粉。大豆饼（粕）可作为蛋白质饲料的唯一来源满足鹅对蛋白质的需要，适当添加蛋氨酸和赖氨酸即可配制氨基酸平衡的日粮。

②菜籽饼（粕） 其粗蛋白质含量为 34%～38%，在配合饲料时应限量使用，一般占日粮的 5%～8% 为宜。

③棉籽饼（粕） 是提取棉籽油后的副产品，含粗蛋白质较高，达 34% 以上。在日粮中应控制用量，雏鹅及种用鹅不超过 8%，其他鹅 10%～15%。

④花生饼（粕） 花生饼有带壳榨油和脱壳榨油两种，营养成分差异较大。花生仁饼（粕）特点是适口性极好，有香味，所有动物都喜食。但是容易染上黄曲霉，产生黄曲霉毒素，应注意保存。其他饼类如芝麻饼、葵花饼等，可适当掺用。

2. 动物性蛋白质饲料 动物性蛋白质饲料的特点是蛋白质含量高，氨基酸组成比较平衡，并含有促进动物生长的动物性蛋白质因子；碳水化合物含量低，不含粗纤维；粗灰分含量高，钙、磷含量丰富，比例适宜；维生素含量丰富，特别是维生素 B_2 和维生素 B_{12}；脂肪含量较高，虽然能值含量高，但脂肪易氧化酸败，不宜长时间贮藏。

（1）**鱼粉**　包括进口鱼粉和国产鱼粉。进口鱼粉一般由全鱼制成，粗蛋白质含量高达 60%～70%，品质好，必需氨基酸齐全，尤其是富含蛋氨酸、赖氨酸和胱氨酸，而精氨酸含量少，这正与大多数饲料的氨基酸组成相反，故容易配伍。国产鱼粉蛋白质含量相差较大。尽管鱼粉的质量好，但价格昂贵，用量受到限制，通常不超过 5%；在家禽饲料中用量过多可导致肉、蛋产品有鱼腥味。

（2）**肉骨粉**　肉骨粉是以动物屠宰后不宜食用的下脚料以及肉类罐头厂、肉品加工厂等的残余碎肉、内脏、杂骨等为原料，经高温消毒、干燥、粉碎制成的粉状饲料。因原料组成不同，肉骨粉的质量差异较大，其粗蛋白质含量在 20%～50%。肉骨粉贮存不当时，脂肪易氧化酸败，影响适口性和动物产品品质。肉骨粉总体饲养效果较鱼粉差。一般鹅日粮中适宜添加量为 5% 左右。

（三）青绿多汁饲料

青绿多汁饲料包括牧草类、叶菜类、水生植物类、树叶和非淀粉质根茎类等，具有来源广泛、成本低廉的优点，是养鹅最主要、最经济的饲料。

青绿多汁饲料的营养特点是干物质中蛋白质含量高，品质好；钙含量高，钙磷比例适宜；粗纤维含量少，消化率高，适口性好；富含胡萝卜素及多种 B 族维生素。但青绿多汁饲料一般含水量较高，干物质含量少，有效能值低。因此，在放牧饲养条件下，对雏鹅、种鹅适当补充精饲料。鹅的精饲料与青绿饲料的重量比例通常为雏鹅1∶1，中鹅1∶2.5，成鹅1∶3.5。青绿饲料在使用前进行适当调制，如清洗、切碎或打浆，利于采食和消化。必须注意青绿饲料中有毒有害物质，如氢氰酸、亚硝酸盐、农药中毒以及寄生虫感染等。还应考虑植物不同生长期的养分含量及对消化率的影响，适时刈割。由于青绿饲料具有季节性，为了做到常年供应，满足鹅的要求，可有选择地人工栽培一些生物学特性不同的牧草或蔬菜。

（四）矿物质饲料

矿物质饲料是补充动物矿物质需要的饲料，包括人工合成的、天然单一的和多种混合的矿物质饲料及配合有载体或赋形剂的痕量、微量、常量元素补充料。矿物质元素在各种动、植物饲料中都有一定含量，由于动物采食饲料的多样性，可在一定程度上满足某些矿物质的需要。在实际生产中，为了提高动物的生产性能，常常需要添加多种矿物元素。

1. 常量元素饲料　包括钙源饲料、磷源饲料、食盐及含硫饲料和含镁饲料等。

（1）钙源饲料　常用的有石灰石粉、贝壳粉、蛋壳粉、碳酸钙、磷酸钙、骨粉等。

（2）磷源饲料　富含磷的矿物质饲料有磷酸钙类、磷酸钠类、骨粉及磷矿石等。

（3）食盐　主要提供钠和氯元素，具有刺激唾液分泌和促进消化酶的作用，同时还能改善饲料味道，增进食欲，维持机体细胞正常渗透压。植物性饲料中钠和氯的含量大多不足，动物性饲料中含量相对较高，由于鹅日粮中动物性饲料用量很少，故需补充食盐，鹅日粮中的添加量为 $0.25\% \sim 0.5\%$。鹅对食盐较敏感，过多会中毒，用鱼粉配制日粮应将其中的含盐量计算在内。

2. 微量元素饲料　这类饲料在生产上常以微量元素预混料的形式添加到日粮中，用于补充鹅生长发育和产蛋所需的各种微量元素。

鹅对微量元素的需要量按饲养标准推荐量添加，把饲料中天然含有量作为安全系数看待。鹅对微量元素的需要量极微，因此不能直接添加，否则混合不均匀易导致中毒。因此，必须把微量元素化合物按照一定的比例配制成预混料，再添加到饲粮中。

三、鹅的饲养标准与饲料配方

（一）饲养标准

为了使鹅健康发育，充分发挥其生产潜力，得到最好的生产性能，同时减少饲料浪费，降低饲养成本，必须根据其年龄、体重和用途等，对日粮中的能量、蛋白质、维生素、矿物质等各种营养成分确定一个适当的比例，科学地规定一个标准，即饲养标准，作为科学饲养的依据。目前，我国尚未制定鹅专门的饲养标准，在生产中可参照国外鹅的标准配制饲料。

与鸡的饲养标准相比，鹅的饲养标准滞后，部分指标来自于鸡的饲养标准。中国农科院侯水生等（2005）研究了肉鹅的能量、蛋白质、蛋氨酸、蛋氨酸加胱氨酸、赖氨酸的需要量及肉鹅理想氨基酸模式，借助于肉鸡、肉鸭及鹅的国际国内饲养标准，提出了鹅的饲养标准草案（表5-1）。

表 5-1　肉鹅饲养标准草案　（兆焦/千克、%）

营养成分	0～3周龄	4～8周龄	8周～出栏	维持饲养期	产蛋期
粗蛋白质	20.00	16.50	14.00	13.00	17.50
代谢能	11.53	11.08	11.91	10.38	11.53
钙	1.00	0.90	0.90	1.20	3.20
有效磷	0.45	0.40	0.40	0.45	0.50
粗纤维	4.00	5.00	6.00	7.00	5.00
粗脂肪	5.00	5.00	5.00	4.00	5.00
矿物质	6.50	6.00	6.00	7.00	11.00
赖氨酸	1.00	0.85	0.70	0.50	0.60
精氨酸	1.15	0.98	0.84	0.57	0.66
蛋氨酸	0.43	0.40	0.31	0.24	0.28
蛋氨酸＋胱氨酸	0.70	0.80	0.60	0.45	0.50

续表 5-1

营养成分	0～3 周龄	4～8 周龄	8 周～出栏	维持饲养期	产蛋期
色氨酸	0.21	0.17	0.15	0.12	0.13
丝氨酸	0.42	0.35	0.31	0.13	0.15
亮氨酸	1.49	1.16	1.09	0.69	0.80
异亮氨酸	0.80	0.62	0.58	0.48	0.55
苯丙氨酸	0.75	0.60	0.55	0.36	0.41
苏氨酸	0.73	0.65	0.53	0.48	0.55
缬氨酸	0.89	0.70	0.65	0.53	0.62
甘氨酸	0.10	0.90	0.77	0.70	0.77
维生素 A（单位/千克）	15 000	15 000	15 000	15 000	15 000
维生素 D_3（单位/千克）	3 000	3 000	3 000	3 000	3 000
胆碱（毫克/千克）	1 400	1 400	1 400	1 200	1 400
核黄素（毫克/千克）	5.0	4.0	4.0	4.0	5.5
泛酸（毫克/千克）	11.0	10.0	10.0	10.0	12.0
维生素 B_{12}（毫克/千克）	12.0	10.0	10.0	10.0	12.0
叶酸（毫克/千克）	0.5	0.4	0.4	0.4	0.5
生物素（毫克/千克）	0.20	0.10	0.10	0.15	0.20
烟酸（毫克/千克）	70.0	60.0	60.0	50.0	75.0
维生素 K（毫克/千克）	1.5	1.5	1.5	1.5	1.5
维生素 E（单位/千克）	20	20	20	20	40
维生素 B_1（毫克/千克）	2.2	2.2	2.2	2.2	2.2
吡哆醇（毫克/千克）	3.0	3.0	3.0	3.0	3.0
锰（毫克/千克）	100	100	100	100	100
铁（毫克/千克）	96	96	96	96	96
铜（毫克/千克）	8	8	8	5	5
锌（毫克/千克）	80	80	80	80	80
硒（毫克/千克）	0.30	0.30	0.30	0.30	0.30
钴（毫克/千克）	1.0	1.0	1.0	1.0	1.0
钠（毫克/千克）	1.8	1.8	1.8	1.8	1.8
钾（毫克/千克）	2.4	2.4	2.4	2.4	2.4

续表 5-1

营养成分	0～3 周龄	4～8 周龄	8 周～出栏	维持饲养期	产蛋期
碘（毫克 / 千克）	0.42	0.42	0.42	0.30	0.30
镁（毫克 / 千克）	600	600	600	600	600
氯（毫克 / 千克）	2.4	2.4	2.4	2.4	2.4

（二）日粮配合

按照鹅的营养需求，选择不同数量的若干种饲料互相搭配，使其所提供的各种养分都达到鹅的需要量，这个设计步骤称为日粮配合。合理地设计饲料配方是科学饲养鹅的一个重要环节。设计配方时既要考虑鹅的营养需要及生理特点，又要合理地利用各种饲料资源，才能设计出成本最低、饲养效果最佳和经济效益最好的饲料配方。设计配方是项技术性很强的工作，不仅应具有一定的营养和饲料学方面的知识，还应有一定的饲养实践经验。

鹅是草食禽类，比较耐粗饲，配制全价饲料时，草粉、糠麸类、饼粕类的比例应适当多一些，少用精饲料或者饲喂配合饲料时搭配 30%～50% 的青绿饲料。

（三）参考配方

为了便于读者掌握配方技术，列举几个配方供参考（表 5-2 至表 5-5）。

表 5-2　鹅的饲料配方一　（单位：%）

饲料	雏鹅（0～3 周龄）	生长鹅（4～10 周龄）	育肥鹅（11 周龄至出栏）
玉米	40.6	35.1	43.0
高粱	15.0	20.0	25.0
豆饼	22.5	14.0	19.0

续表 5-2

饲 料	雏鹅（0～3周龄）	生长鹅（4～10周龄）	肥育鹅（11周龄至出栏）
肉骨粉	—	3.0	—
鱼 粉	7.5	—	—
麦 麸	6.0	10.0	6.0
米 糠	2.5	13.0	—
玉米面筋	1.5	—	—
糖 蜜	1.5	2.5	3.0
猪 油	0.5	—	0.6
磷酸氢钙	0.8	0.8	1.6
石 粉	0.8	0.8	0.9
食 盐	0.3	0.3	0.4
预混料	0.5	0.5	0.5

表 5-3 鹅的饲料配方二 （单位：%）

饲 料	0～3周龄	4周龄至出栏	种鹅
玉 米	48.75	46.00	41.75
小麦粗粉	5	10	5
小麦次粉	5	10	10
碎大米	10	20	20
脱水青饲料	3	1	5
肉 粉	2	2	2
鱼 粉	2	—	2
干 乳	2.0	—	1.5
豆 粕	20.00	8.75	7.50
石 粉	0.50	0.50	3.25
磷酸氢钙	0.50	0.50	0.75
碘化食盐	0.5	0.5	0.5
微量元素预混料	0.25	0.25	0.25
维生素预混料	0.5	0.5	0.5

表5-4　鹅饲料配方三 （单位：%）

饲　料	0～10日龄	11～30日龄	31～60日龄	60日龄以上
玉　米	61	41	11	11
麦　麸	10	25	40	45
草　粉	5	5	20	25
豆　饼	15	15	15	15
鱼　粉	2	3	4	—
肉骨粉	3	7	6	—
贝壳粉	2	2	2	2
砂　粒	1	1	1	1
食　盐	1	1	1	1
预混料	另　加	另　加	另　加	另　加

表5-5　鹅饲料配方四 （单位：兆焦/千克、%）

饲料品种	0～4周龄		5～9周龄		10～26周龄		种　鹅	
	1	2	1	2	1	2	1	2
玉　米	54.0	58.0	50.0	49.0	59.0	50.0	55.0	60.0
小麦麸	12.5	15.5	17.0	20.0	30.0	22.2	9.5	13.2
高　粱	—	—	—	10.0	—	—	—	—
大　麦	—	—	13.0	—	—	—	—	—
米　糠	—	—	—	—	—	10.0	—	—
豆　饼	27.5	14.0	12.0	13.0	8.0	15.0	12.0	17.5
菜籽饼	—	—	3.0	—	—	—	2.5	—
棉仁饼	—	—	2.0	4.2	—	—	3.0	—
花生饼	—	7.0	—	—	—	—	6.0	—
进口鱼粉	3.0	3.0	—	—	—	—	3.0	—
赖氨酸	—	—	—	0.2	—	—	—	—
蛋氨酸	—	—	—	0.1	—	—	—	—
骨　粉	2.2	1.4	—	—	1.4	1.6	1.2	1.3

续表 5-5

饲料品种		0～4 周龄		5～9 周龄		10～26 周龄		种　鹅	
		1	2	1	2	1	2	1	2
磷酸氢钙		—	—	1.7	1.7	—	—	—	—
石　粉		—	0.3	0.5	1.0	0.7	0.4	7.0	7.2
食　盐		0.3	0.3	0.3	0.3	0.3	0.3	0.3	0.3
添加剂预混料		0.5	0.5	0.5	0.5	0.5	0.5	0.5	0.5
合　计		100	100	100	100	100	100	100	100
营养水平	代谢能	11.80	11.93	11.32	11.27	11.14	11.23	11.23	11.22
	粗蛋白质	20.1	18.2	15.1	15.0	12.8	15.2	17.6	14.6
	钙	0.91	0.77	0.85	0.87	0.77	0.74	3.22	3.10
	总　磷	0.73	0.62	0.74	0.69	0.58	0.67	0.57	0.60
	有效磷	0.49	0.38	0.44	0.40	0.32	0.35	0.40	0.31
	赖氨酸	0.92	0.73	0.73	0.75	0.49	0.62	0.73	0.63
	蛋＋胱氨酸	0.46	0.45	0.41	0.45	0.21	0.38	0.45	0.31

四、鹅生态放养形式下饲料解决方法、加工处理及机械设备

　　从鹅的生长发育规律来看，肉鹅的骨骼在 2～6 周龄、肌肉在 4～9 周龄生长发育最快，这是肉鹅一生中生长最快的时期，做好这一阶段的饲养管理工作，是饲养肉鹅成功的关键。由于这一阶段的肉鹅生长迅速，食欲旺盛，能利用大量青粗饲料，所以这时候鹅的配合饲料成分应为粗蛋白质 14%～16%，代谢能 12.13 兆焦／千克，钙 0.9%，总磷 0.6%，赖氨酸 0.85%，蛋氨酸＋胱氨酸 0.5%，泛酸 12.6 毫克／千克。

（一）生态养鹅的饲料解决办法

生态放牧养殖的鹅，其饲料来源、营养需求可以从以下几方面得到解决。

1. 放牧　在牧草丰盛的季节，通过放牧，林果地的牧草、虫子、子实满足鹅的大部分饲料需要，只需要在夜间每只鹅补充100克左右的精饲料。精饲料的来源方面，养鹅户可以购买饲料厂家生产的全价鹅颗粒饲料，也可以自己配制鹅饲料。如果补充单一的稻谷或玉米，由于没有全价料营养全面，鹅的长势会慢一些。

2. 种草（菜）　当放牧地牧草量少、质量差不能满足鹅只的日常青饲料需要时，养鹅户可以留一些土地，种植鹅喜欢吃且产量高的当季优质牧草或蔬菜，刈割饲喂。

3. 农副产品　在没有牧草或青饲料来源时，可充分利用当地的农作物及其副产品资源，比如甘薯藤、酒糟、南瓜、南瓜蔓藤、花生藤等，通过加工处理，与精料搭配养鹅，既可降低饲料成本，也可丰富鹅的饲粮和营养。

（二）肉仔鹅饲料配制方法

1. 草浆养鹅法　将采集到的各种青饲料如甘薯藤、水葫芦、水浮莲、槐叶、杂草等混合打浆，再用配合粉料搅拌均匀，饲喂次数视具体情况而定，育肥期可在夜间10时喂最后1次。不可饲喂有毒植物如高粱苗、夹竹桃叶、苦楝树叶等。

2. 干拌配合粉料饲喂法　青饲料如芭蕉茎叶、萝卜樱、鲜象草、胡萝卜、南瓜、南瓜蔓藤等剁碎，拌上配合粉料。饲喂次数灵活掌握，育肥期可喂5～6次。

3. 颗粒饲料＋青饲料饲喂法　以青饲料为主，补充颗粒饲料。圈养时，可将青饲料置于木架、板台、盆子或水面上，让鹅自由采食，一般每只每天饲喂2～4千克青饲料。这种方法适用于有大量适口青饲料的养鹅户，如蔬菜产区可利用大量老叶和副产品，以及利用冬闲田或山坡地种植的青饲料如黑麦草、三叶草、菊苣、象草等。

4. 草粉全价颗粒饲料饲喂法 将草粉（苜蓿、松针、刺槐叶、花生藤等晒干或烘干，制成青绿色粉末）与豆饼、玉米等配制成全价颗粒饲料。可用料盘分餐饲喂，育肥期也可用自动料槽或料桶终日饲喂。保证充足的清洁饮水。这种方式适用于规模化、集约化养鹅。灵活放牧，如附近有草地、有收割后的田埂或水中有大量的水草，就可以就近放牧。地面要求平坦，尽量减少鹅的活动，减少体能损耗。

5. 青贮料＋全价饲料养鹅 利用大量农副产品解决养鹅户冬春青绿饲料短缺问题是一项重要课题。青贮饲料技术简便易行，经济划算，易于推广，可将甘薯藤、玉米秸等来源广泛的农副产品进行青贮用于养鹅。玉米秸含有 30% 以上的碳水化合物、2%～4% 的粗蛋白质和 0.5%～1% 的脂肪，营养非常丰富，但是秸秆喂量可随着鹅的日龄增加而增加，要适当补充精饲料。

青贮技术是将新鲜的牧草或玉米秸秆等铡碎装入青贮窖或其他青贮容器中，通过封埋措施，造成一种相对无氧状态，利用微生物的厌氧发酵和化学作用，在密闭无氧条件下使青贮原料的 pH 值降至 4 左右，制成适口性好，容易消化吸收的青贮饲料。

青贮方式有多种，常用的有塑料袋青贮和窖式青贮两种，即把收获的新鲜青玉米秸秆铡碎至 1～2 厘米，并将含水量调到 67%～75%（即以手握原料从指缝中可见水珠，但又不滴水），装入塑料袋或窖中，压实排净空气，密封保存 40～50 天即可开袋（窖）饲喂。

也可添加微生物发酵剂制作青贮。使用发酵剂的青贮料保质期更长，发酵也更快。市面上生产饲料发酵剂的厂家较多，比如金宝贝青贮饲料发酵剂、河南农乐生物的秸秆发酵剂、益加益秸秆发酵剂等。使用方法是：先把秸秆粉碎，然后把秸秆发酵剂按照一定的比例与秸秆混合，玉米秸秆压缩、套袋、打包一次成型，起到密封厌氧发酵作用。

（三）青贮秸秆饲料操作技术

青贮玉米秸秆的方法很多，下面介绍一般青贮法，便于在广大农村养鹅户中普及推广。

1. 设施　常见的青贮设施有青贮窖、塑料袋装青贮。

2. 建青贮窖　选择土质坚实、地势高燥、背风向阳、雨水不易冲淹、取喂方便、没有粪场等污染源的地方建造青贮窖。建筑结构可用红砖或免烧砖支砌并用水泥砂浆抹平建成。窖形一般有圆形、长方形之分，窖壁平直光滑，不透水，不透气。窖的宽度一般应小于深度，比例 1:1.5～2，利用原料自身重量将其压实，并能降低损耗量。窖的大小应根据青贮数量及饲养量来决定，圆形窖一般直径 1.7～3 米、深度以 3～4 米为宜，底部呈锅底形。规模养鹅场宜采用长方形窖，宽度 1.7～3 米，深度以 2.3～3.3 米为宜，长度随青贮数量而定。长方形窖的边角应呈圆形，以利原料的沉降压实。为减少青贮饲料的损失，窖底和四周应铺一层塑料薄膜。

3. 青贮窖容量的计算　应根据原料的含水量与切碎程度，先掌握单位体积青贮料的重量（如玉米秸在含水量少的情况下，切得细碎每立方米重量为 430～500 千克；切得较粗的为 380～450 千克），乘以窖的容积（圆形窖的体积是 $3.14 × 半径^2 × 窖深$；长方形窖体积是窖长×窖宽×窖深，单位均为米），即得出窖内青贮原料的重量（千克）。青贮玉米秸秆一般按每立方米 500 千克计算。

4. 备料　粮用型玉米在成熟后，秸秆留有 1/2 的绿叶之前，可收割青贮；粮饲兼用型玉米在玉米成熟收获后，黄叶较少时收割青贮；饲用玉米在乳熟期后收割青贮。

青贮前，应将带有泥土的根部和腐烂秸秆剔除，然后用铡草机切碎，切碎长度 2～3 厘米为宜，青贮玉米秸秆的湿度应在 65%～75%，用手握紧切碎的玉米秸时指缝有液体渗出而不滴水为宜。袋装青贮时，玉米秸含水量应在 55%～65%。

玉米秸秆湿度不足时每 100 千克需加水 5～10 升。如原料湿度过大，可将玉米秸秆晾晒或加入一些麦麸、干草粉等。

5. 装填 青贮用的玉米秸秆最好随收随运，随运随铡，随铡随装窖，切不可在室外晾晒或堆放过久。制作青贮的原料最好当天割当天贮。

装窖前检查窖底与窖壁是否铺好防霉层，可用无毒塑料薄膜、芦席等。铡草切碎长度不应超过 3.3 厘米，把铡碎的玉米秸秆逐层装入窖中，边铡碎边装，装入窖内的原料要随时摊开。每装 20～30 厘米厚即用人踩、石夯等方法压实，应特别注意将窖壁四周压实。玉米秸秆高出窖口 30～40 厘米，使其呈中间高四周低，圆形窖为馒头状，长方形窖呈弧形屋脊状。圆形窖或小型容积窖应在 1 天内装完、封闭。

青贮窖装满后，封窖时，应可能排除空气，先用 2～3 层塑料薄膜将玉米秸秆完全盖严，铺一层软干草，再压上一层 20～30 厘米厚的湿土夯实，并将表面拍光滑。封好后，应在距离窖四周 0.5～1 米处挖一条长 20 厘米×宽 20 厘米的排水沟，并经常检查窖顶部，如发现下陷或有裂缝，应及时修填拍实，防止空气与雨水进入。

袋装青贮应特别注意防鼠，发现破洞应及时修补。

6. 启用 发酵 30 天后，便可启封饲喂。圆形窖应先剥掉覆土，揭去塑料薄膜，揭盖后逐层往下取用，取面要平整，每次取料厚度不少于 5 厘米，不能从中间挖窝，取料后及时盖好塑料薄膜，防止料面暴露而产生二次发酵。长方形窖，应在向阳一头开挖，垂直往下逐段取用，取后即盖严。青贮秸秆有轻泻作用，不宜单独饲喂。过酸时可用 3%～5% 的石灰乳中和。

青贮窖一旦启封，应连续使用直到用完，切忌取取停停，以防霉变。青贮饲料取出后不宜放置过久，以防变质。

7. 质检 生产中通过青贮料的气味、颜色与质地，评定其品质。上等青贮饲料绿色或黄绿色，越近似于原料本色越好，具浓郁酒酸香味，没有霉味，质地松软且略带湿润，茎叶多保持原料状态，清晰可见，pH 值 4～4.5；中等品质青贮，呈黄褐色或暗褐色，稍有酒味，柔软稍干；劣质青贮饲料，呈黑褐色，质地黏成一团或干燥而粗硬，有臭味，pH 值大于 5。只有上等或中等的青贮饲料才能饲喂，质量过差、黏结发臭、发霉变黑的青贮饲料不能饲喂。

8. 饲喂 初喂青贮饲料时，量应由少到多。如鹅出现腹泻时可酌减喂量或暂停数日后再喂。

制作青贮饲料的技术关键是为乳酸菌的繁衍提供必要条件：一是在调制过程中，原料要尽量铡短，装窖时压实，尽量排除空气。二是原料中的含水量在 65%～75% 最适于乳酸菌的繁殖。三是原料要含有一定量的糖分，玉米秸秆的含糖量适于青贮，可将不易青贮的原料与含糖量高的原料混贮。

（四）鹅饲料常用机械设备

鹅饲料的主要机械设备主要有以下设备：饲料颗粒机、饲料粉碎机、饲料搅拌机、饲草打浆机、铡草机、饲草揉搓机，自走式打捆机。

第六章
鹅种蛋孵化技术

一、种蛋的选择

鹅种蛋品质的优劣直接影响到孵化率，也直接关系到初生雏鹅的质量和生活力，品质良好的种蛋能为胚胎发育提供丰富的营养物质，保证较高的孵化效率和育雏成活率。因此，在入孵前必须对种蛋进行严格的选择。选择种蛋有以下几个方面的要求。

（一）种蛋来源

种蛋应来自生产性能好，繁殖力高，遗传性能稳定，健康状况良好的种鹅群体；并且要来源于没有鹅传染病的非疫区和免疫程序完善的健康鹅群；种鹅群要求有良好的饲养管理条件，公母比例适当，且在开产前1个月进行过小鹅瘟免疫接种。只有具备上述条件的种鹅才能生产出品质优良的种蛋，其种蛋才有较高的受精率和孵化率。否则，生产性能不高或带来疾病。种蛋最好来自本场，自繁自养。

（二）种蛋的新鲜度

鹅种蛋的新鲜度是决定孵化率高低的重要因素，种蛋越新鲜，胚胎的生活力越强，孵化率越高。新鲜蛋的气室较小，蛋白黏稠，蛋黄呈圆形且完整清晰。随着种蛋保存时间的延长，由于蛋内水分逐渐蒸发，气室随之渐渐增大，蛋黄由圆变扁平，孵化率会逐渐下降；尤其是种蛋保存在温度较高的环境下，孵化率会迅速降低。因此，种蛋必须保存在适宜的温度和湿度条件下，才能保证其较高的新鲜度。

（三）种蛋保存时间

种蛋保存时间越短，胚胎生活力越强，孵化率越高，一般保存7～10天为宜。

（四）种蛋的受精率

引进种蛋应了解两个方面的情况：一是要看引进种蛋的鹅群年龄，公母比例要适当，饲养管理要科学，鹅群应有适当面积的水面进行配种活动；二是要看第一批引进种蛋的孵化情况，根据种蛋受精率的高低，决定是否继续引进。

（五）种蛋的选择

1. 种蛋的清洁度 选择表面清洁的种蛋。蛋壳上有粪便等污物附着，会堵塞气孔，妨碍气体交换，影响胚胎正常发育，导致死胚胎增多，并会污染其他清洁蛋和孵化器而增加死胎，降低孵化率，降低雏鹅质量。对于受轻度污染的种蛋，应及时擦去污物。

2. 蛋重的选择 所谓蛋重指蛋从母鹅体产出后24小时内的重量，受开产日龄、产蛋阶段、营养水平、气温等因素的影响。应选择中等大小的鹅蛋作为种蛋。四川白鹅的种蛋蛋重应在146克左右，大于或小于15%的蛋均不宜选作种蛋。种蛋过大或过小影响孵化率和雏鹅的初生重。初生重为入孵蛋重的60%～70%。因此，选好种蛋一是可提高孵化率，二是可以提高新生雏鹅的均匀度。

3. 蛋形的选择 正常鹅蛋为椭圆形。过长、过圆、橄榄形等畸形蛋，均不宜作种蛋。衡量蛋的形状通常用蛋形指数，用游标卡尺测量蛋的纵径和最大横径求得。

$$蛋形指数（\%）=（纵径÷横径）\times 100$$

据四川农业大学家禽研究室测定，四川白鹅的平均蛋形指数为
1.46。蛋形指数与孵化率、健雏率有直接关系。一般而言，蛋形指
数过高或过低其孵化率和健雏率都会降低。

4. 蛋壳的选择 鹅种蛋蛋壳厚薄应适度，结构均匀细密，气
孔分布匀称质地好。在孵化过程中有利于胚胎顺利进行气体交
换。薄壳蛋、蛋壳过厚的钢壳蛋、蛋壳厚薄不均的皱纹蛋、壳面
粗糙的沙皮蛋等，均会不同程度地阻碍或影响气体交换，不宜作
种蛋。

5. 破损、血斑、肉斑蛋的鉴别 破损蛋有裂纹，在孵化过程中
常因水分蒸发过快和细菌入侵而危及胚胎的正常发育，导致孵化率
降低，破损蛋常用轻轻敲击、碰撞，根据其音质来区分，音质清脆
为完好无损的蛋，碰撞的声音嘶哑为破损蛋，应剔除。

通常用照蛋来发现血斑、肉斑。血斑、肉斑位于蛋黄上，斑点
有白、黑、暗红色，可随转蛋移动，这种蛋不能作为种蛋。

二、种蛋的保存与消毒

种蛋在母鹅体内可以保存一定时间，是因受精蛋在蛋的形成过
程中已开始发育，而一旦产出母体外，其胚胎会暂停发育，以后在
适当的条件下又开始发育。

（一）保存种蛋的条件与方法

种蛋选出后如不及时入孵，就要在一定的条件下贮存，以保证
有较高的出雏率。

1. 种蛋的保存条件

（1）保存温度 胚胎发育的临界温度为23.9℃。新产下的种

蛋可以在低于临界温度保存一段时间。种蛋保存最适宜的温度为13℃～16℃。当种蛋保存温度低于10℃时，胚盘会收缩，如果种蛋保存的温度过低，胚胎会因受冻而导致生活力下降，以至于死亡。若保存温度高于临界温度时，胚胎将不断消耗蛋内营养物质，继续发育，而温度又达不到胚胎发育的适宜温度，导致胚胎发育受阻，容易造成胚胎早期死亡。

（2）**保存湿度**　在种蛋贮存期内，水分会通过气孔向外蒸发，其蒸发速度受室内相对湿度影响，室内相对湿度愈大，蛋内水分蒸发愈少。为了尽量减少蛋内水分损失，应提高室内湿度。通常室内相对湿度保持在75%～85%为宜。若室内湿度过高，会导致霉菌大量繁殖，于种蛋胚胎发育不利。

2. 种蛋的保存方法

种蛋存放在室内，环境条件适宜，可保持种蛋良好的品质。有条件的地方，室内可安装空调设备，使种蛋不受外界气温变化的影响而在较恒定的温度条件下保存。

鹅产蛋季节性较强，多集中在当年11月份至翌年5月份，这一期间外界气温较低，适宜种蛋的保存，但也要防止过低的气温。

（1）**种蛋的存放状态**　种蛋采用大头向上放置状态，蛋黄处于蛋白的中心位置，胚胎不会脱水或与内壳膜粘连，在较长时间保存时，可不必翻蛋。

（2）**塑料袋内贮存种蛋**　一般采用聚氯乙烯塑料薄膜袋装种蛋，厚0.3毫米、长118.5毫米、宽71毫米的塑料袋可装50～70枚鹅种蛋。用不透气的塑料袋贮存种蛋的优点在于可防止蛋内二氧化碳和水分的溢出，较好地保持种蛋的生物品质，从而保证种蛋有较高的孵化率。

（3）**种蛋保存时间**　种蛋即使贮存在适宜的环境条件下，孵化率也会随着保存时间的推移而逐渐下降。种蛋保存时间过长，水分会过多地蒸发，引起系带和卵黄膜变脆，酶的活动使蛋内营养物质变性，引起胚胎衰老，蛋白本身杀菌能力下降而导致微生物侵袭胚胎，影响胚胎的活力。

种蛋保存时间不宜超过 7 天。

（二）种蛋的消毒方法

鹅蛋经泄殖腔产出后与外界接触，往往易受垫料和粪便污染，细菌和微生物就会附着在蛋壳表面，在适宜的条件下，迅速繁殖并不断通过蛋壳上的气孔侵入蛋内，影响胚胎的生长发育。种蛋受到污染不仅影响孵化效率，而且还会污染孵化设备，传播各种疾病。因此，种蛋在孵化前必须进行严格的消毒。

1. 甲醛熏蒸消毒法 此法是目前国内外最常用的种蛋消毒方法，其杀菌能力强，消毒效果好。

（1）熏蒸方法 将 36%～37% 甲醛溶液与高锰酸钾按一定比例混合放入适当的容器中，甲醛溶液沸腾蒸发消毒。每立方米空间用高锰酸钾 15 克、甲醛溶液 30 毫升。

在熏蒸消毒时，必须关闭门窗，室内最适温度为 25℃～27℃，相对湿度为 75%～80%，熏蒸时间一般为 20～30 分钟。然后打开门窗，将气体排出室外。

（2）注意事项

①甲醛与高锰酸钾反应强烈，腐蚀性强，必须使用较大的陶瓷器皿或玻璃器皿，严禁用金属器皿。

②药品添加顺序是先在容器中加入少量温水，然后将称量好的高锰酸钾放入容器中，最后缓慢倒入甲醛溶液。此顺序绝对不能颠倒。

③待消毒的种蛋表面必须干净，无粪便及污物黏附，否则会降低消毒效果。

④种蛋外壳凝固有水珠，熏蒸时会影响胚胎发育。为此，必须待水珠蒸发后，再行消毒。

⑤甲醛是一种强致癌物，操作人员要穿好防护服装、胶鞋，并戴上防护面具，防止被人体接触和吸入。

⑥熏蒸消毒时要关门窗和进、出气孔，熏蒸结束后，应迅速打

开门窗、通风孔,将气体排出。

2. 新洁尔灭消毒法

(1)**喷雾消毒法** 将种蛋放于蛋架上,用喷雾器将0.1%新洁尔灭溶液均匀喷洒在种蛋表面。待药液干燥后即可送入蛋库或入孵。

消毒剂的配制:取5%新洁尔灭原液1份,加50倍40℃的温水均匀混合即配制成0.1%新洁尔灭溶液。

注意事项:新洁尔灭溶液切忌与碱、碘、肥皂、高锰酸钾配用,以免药物失效。

(2)**浸泡消毒法** 将种蛋放入盛有0.1%新洁尔灭溶液的容器中,药液温度40℃,浸泡3分钟后,取出晾干,也可达到消毒目地。

3. 百毒杀消毒法 将50%百毒杀原液3毫升,加入5 000毫升水中,均匀混合稀释后,用喷雾器对种蛋喷洒消毒。

百毒杀药液消毒效果良好,无腐蚀性和毒性,使用安全。

4. 过氧化物消毒法

(1)**过氧乙酸消毒法** 将20%过氧乙酸与高锰酸钾按一定比例混合做熏蒸消毒。每立方米空间用20%过氧乙酸80~100毫升、高锰酸钾8~10克,熏蒸时间为15分钟。

过氧乙酸杀菌谱广、效力高,消毒时间短,使用方便。

注意事项:高浓度过氧乙酸需低温保存,稀释液应现配现用。

(2)**过氧化氢** 过氧化氢具有极强的氧化杀菌能力,用2%~3%过氧化氢溶液做喷雾消毒。

三、鹅蛋的孵化

(一)种蛋的孵化条件

种蛋孵化条件主要是温度、湿度、通气、翻蛋和晾蛋,严格正确掌握和运用孵化条件是获得理想孵化率的关键。

1. 温度 在孵化中，种蛋品质是内因，温度则是主要的外部因素。

鹅胚胎发育对温度的变化非常敏感。在孵化过程中，根据鹅胚胎发育不同生理阶段对温度的不同需求，适时给予适宜的孵化温度，保证鹅胚胎能正常生长发育，才能获得高的孵化率。

（1）温度对鹅胚胎的影响 鹅胚胎发育对孵化温度的变幅具有一定的适应能力，但超过适温范围就会影响胚胎的正常生长发育，甚至造成死亡。一般而言，高温对孵化中的胚胎危害较大，能引起神经、肾脏、心血管系统以及胎膜的畸形。如孵化温度达到 42℃，经 2～3 小时，鹅胚胎就会全部死亡。

鹅胚胎对低温的耐受力较强，这与自然选择的适应性分不开。在自然条件下，母鸡孵化鹅蛋时的经常离巢必然会引起蛋温下降却不影响到孵化效果。但低温能使胚胎发育迟缓，延长孵化期，导致死亡率增加。

（2）控温标准与阶段 鹅蛋的含脂量和热量水平比鸡蛋、鸭蛋高，其孵化温度应比鸡、鸭低。鹅蛋适宜的孵化温度为 36.5℃～38.5℃。孵化初期，胚胎的发育处于初级阶段，物质代谢低，产热较少，此时需要比较稳定和稍高的孵化温度，以刺激糖类代谢，促进胚胎发育。孵化中期，随着胚胎的发育加快，体内产热逐渐增加，此时孵化温度应适当降低。孵化后期，胚胎产生大量体热，这时可利用鹅胚胎自温转入摊床孵化，直至出雏。

鹅蛋孵化操作中对孵化温度总的要求为前高后低，在孵化的中、后期，要避免高温孵化。

（3）控温制度 根据种蛋来源是否充足与气温的变化，为节约能源可采用恒温孵化或变温孵化。这两种控温制度均能获得好的孵化效果。

①恒温孵化 种蛋来源少，或者室温偏高，宜分批入孵，宜用恒温孵化法。采用恒温孵化时，机内温度控制在 37.8℃。通常孵化器内有 3～4 批种蛋，新、老种蛋的位置交错放置，这样老蛋多余的代谢热可被温度偏低的新蛋吸收，以满足不同胚龄种蛋对温度的需求。如

此循环，既减少了老蛋自温超温，又可节约能源，也不影响孵化率。

②变温孵化 种蛋来源充足或室温偏低的情况下宜采用整批入孵。整批入孵，孵化器内胚蛋的胚龄均相同，随着孵化胚龄的增加，胚胎自身产生的代谢热也会增加，胚蛋在孵化至中、后期代谢热高，容易引起自温超温。因此，宜采用阶段性的变温制度。孵化前期温度宜高些，中、后期温度宜低一些，即形成阶段性降温孵化。为避免增加晾蛋等降温措施，整批孵化采用变温孵化也可减轻劳动强度，而整批孵化也比分批孵化操作简便。

鹅蛋孵化第一天温度为 39℃～39.5℃，第二天 38.5℃～39℃，第三天 38℃～38.5℃，第四天为 37.8℃，22 天以后转入摊床孵化。

2. 相对湿度 鹅胚胎发育对环境相对湿度的适应范围比温度要宽些。适宜的湿度可调节胚蛋内水分的蒸发速度，使胚蛋受热均匀，孵化后期有利于胚胎散热，也有利于破壳出雏。出雏时空气中的水分使蛋壳中碳酸钙变为碳酸氢钙，其性变脆。雏鹅啄壳以前提高环境的相对湿度是很有必要的。

在孵化期间，胚胎在不同阶段对湿度的需求也不同，一般是"两头高，中间低"。鹅蛋孵化第 1～9 天胚胎要形成羊水、尿囊液，相对湿度应调至 60%～65%，孵化至第 10～26 天为 50%～55%，孵化至 27～30 天时，为使雏鹅正常出壳，避免绒毛与壳膜发生粘连，相对湿度应调升为 65%～70%。若采用分批孵化，孵化器内有不同胚龄的胚蛋，相对湿度应控制在 50%～60%，孵化后期出雏时相对湿度应调升为 65%～70%。

孵化期内相对湿度过高或过低，均会造成弱胚增多，降低孵化效果。湿度不足，会加速胚蛋内水分蒸发，造成胚胎失水过多，导致尿囊绒毛膜干燥，容易引起胚胎与壳膜粘连，出壳困难；湿度过大，会妨碍蛋内水分蒸发，使胚胎产生的代谢水不能及时排出，导致胚胎被溺死，或雏鹅腹部容积增大，脐部愈合不良，形成弱雏。因此，在孵化期内调控适宜相对湿度，才能使胚蛋受热均匀，使鹅胚胎正常发育、出壳。

3. 通　风

（1）有利于胚胎气体代谢　在整个孵化期中，鹅胚胎发育需要不间断地进行气体交换，孵化前期，胚胎气体代谢微弱，需氧量小；胚胎发育至中、后期代谢相对旺盛，需氧量逐渐增加，二氧化碳排出量也加大。孵化机内二氧化碳含量超过 1% 时，则孵化率将下降15%；二氧化碳含量超过 1.5%～2.0%，孵化率剧烈下降，如不改善通风换气，畸形、死胚会急剧增多。孵化过程中通风换气，可以为胚胎发育提供所需氧气，及时排出二氧化碳等废气。

（2）驱除胚胎余热　孵化后期，鹅胚胎代谢旺盛，代谢热量急剧增加，加强通风换气，有助于驱除胚胎余热，均匀机内温度，避免鹅胚胎自温超温而引起死亡。

（3）减少污染　鹅胚胎在孵化过程中，产生大量二氧化碳等代谢废气，如不尽快排出机外，对胚蛋及初生雏极其有害。通风与温度、湿度的控制关系密切。通风量过大，机内温度、湿度不易保持；通风不良，机器内温度、湿度会提高，空气不流通，受热不均匀。按孵化阶段合理调节通气量，既可将机内废气排出，又能改善机内卫生状况，避免交叉污染。

4. 翻　蛋

（1）翻蛋的功能　自然孵化时，母鸡一昼夜内用喙、爪翻动胚蛋达 96 次。人工孵化就是模拟自然孵化的一种形式。翻蛋可使胚胎受热均匀，促进鹅胚胎运动；有利于胚胎对营养物质的吸收和气体交换；有利于胚胎发育，防止胚胎与壳膜粘连，保持正常胎位；有利于鹅雏破壳出雏。

（2）角度与次数　机器孵化时每次翻角角度 90° 为宜，每隔 2小时翻蛋 1 次。平箱等传统孵化时，由于种蛋平放，翻蛋角度为180°，同时应调整蛋筛位置，每天翻蛋 6～8 次。

5. 晾　蛋

（1）晾蛋的作用　鹅蛋脂肪含量比鸡、鸭蛋高，孵化过程中鹅胚产生的生理代谢热较多。晾蛋的主要作用在于帮助胚蛋散热降温，并为胚胎提供充足的新鲜空气，保证胚胎正常发育。

（2）**晾蛋方法**　鹅胚蛋在孵化后期，胚胎代谢旺盛，产生大量热量，此时必须采取晾蛋措施才能解决及时散热问题。晾蛋时将蛋盘抽出孵化机器外放置，让其透气散热。

每天晾蛋 2 次，每次 30～40 分钟，少则 15～20 分钟。室温低，晾蛋时间短；室温高，晾蛋时间长。夏季气温高，晾蛋时蛋温不易下降，可在胚蛋表面喷凉水降温。待蛋温降至 20℃～30℃即可，将胚蛋置于眼皮上，感觉温而不凉为宜。

（二）鹅蛋的孵化方法

1. 自然孵化　自然孵化是水禽繁衍后代的本能。四川白鹅经人们长期选择母鹅早已丧失抱窝性能，而借助抱窝母鸡来繁衍后代。自然孵化目前在交通不便或地势偏远的农村是一种有效的孵化方法。

（1）**选择抱窝母鸡**　选择就巢性强，有抱窝习惯的母鸡。在入孵前，可先设置假蛋让其试孵，待母鸡适应并安静孵化后，再将鹅种蛋放入窝内孵化。1 只母鸡可孵化鹅蛋 7～8 枚。

（2）**窝的准备**　窝巢可用盆、箱、竹篓筑成，直径 35～40 厘米，窝内放置干净、柔软的稻草。将抱窝置于环境安静、避风、光线幽暗的室内。

（3）**抱期的管理**　鹅种蛋最好晚上放入抱窝内，有利于母鸡安静孵化。在孵化过程中每天应让母鸡离巢 1～2 次，让其采食、饮水和排粪。每天人工帮助翻蛋 2～3 次，将窝中心蛋与周边蛋对调位置。同时在孵抱期内照蛋 2～3 次，剔除无精蛋、死胚蛋并及时并窝。孵化后期，每天向胚蛋喷水 2～3 次降温。出雏时雏鹅啄壳困难时可进行人工助产，将雏鹅头部拉出置于壳外。

2. 人工孵化法　人工孵化就是人为模仿自然孵化的原理，为其创造适宜的孵化条件，进行孵化。

（1）**桶孵化法**　桶孵法又叫炒谷孵化法，是我国南方广泛使用的一种传统孵化法，设备有孵桶、稻谷、网袋等。

孵桶为竹篾或稻草编织而成的无底圆桶。桶高90厘米，直径60～70厘米，每桶可孵鹅蛋400枚。网袋长50厘米，口径85厘米，每网可装鹅蛋30～40枚。

操作方法：将稻谷炒热至55℃～60℃，取2千克倒入孵桶，摊平，把4网袋鹅种蛋平放于热谷上，将热稻谷撒于蛋上，迅速摊平，使热稻谷均匀填充在蛋隙之间，并盖过蛋面。再放4网袋蛋，撒热谷摊平，如此共放6层蛋，最上一层撒上热谷后盖上蒲团，保温20分钟，完成第一次烫蛋。第二次烫蛋时将45℃～50℃的热谷2千克倒入桶内摊平，把第一次烫蛋时放在最上一层的种蛋取出移放在底层，依次将原桶最下面一层放在最上面，两网蛋构成每层的内外圈，每层撒上热谷，最上一层热谷盖蒲团保温。约经30分钟后正式装桶。

正式装桶时，将43℃～46℃热谷5千克倒入桶底摊平，再放5千克冷谷摊平，把第二次烫蛋的最上一层的外圈蛋放入下一层的内圈，原内圈蛋放在外圈，依次把原上面的放在下面，下面的放在上面，内外圈互换位置，放一层热谷装一层种蛋，共12层，撒上热谷并盖上蒲团保温孵化。

孵化至第2～5天，早、晚各换热谷调温翻蛋1次。第七天照蛋，剔除无精蛋和死胚蛋后上孵第二批种蛋。待第一批种蛋孵化到第九天时胚胎产热已经能自己供温时，除底层仍需加热谷供温不变外，其余可改为2层胚蛋填1层热谷，第十天改为3层胚蛋1层热谷，第11～12天改为4层胚蛋1层热谷，第13天起为老龄胚蛋供温的官桶期。

官桶期孵桶内装有2批以上的种蛋，此期不再加热谷，热源由老龄胚蛋提供。装桶时用老蛋夹新蛋的方式，可连续2层老蛋装1层新蛋，老蛋一般放在最下一层的外圈和官桶的最上一层盖面。孵化到第13～23天，每6～8小时人工翻蛋1次。孵化到第23天以后可转入摊床孵化。

（2）**摊床孵化法**　是我国传统的孵化方法，依靠胚蛋自身产热而进行自温孵化。不论采用何种孵化机具，当胚蛋孵化到 16 天以后都可移到摊床孵化，不需外部提供热源。

摊床为木制床式长架，在架上铺木板或竹篾，铺 5～10 厘米稻草，草上放席子。摊床长度随房舍长度而定，宽度以两人臂长为宜，以便两人对立操作。为节约室内空间，摊床可做 2～3 层。

鹅胚蛋上摊床后，需要棉被、被单、牛皮纸等覆盖物保温，继续孵化。由于摊床边上的胚蛋易散热，蛋温较低，处于摊床中间的胚蛋温度较高，为使摊床上胚蛋的温度保持均匀，需采取以下措施进行调温。

①翻蛋　将边蛋与中心蛋的位置调换，每昼夜翻蛋 2～3 次。如果边蛋与中心蛋温差太大，应增加翻蛋次数。反之，如温差小，则应减少翻蛋次数，视温差变化情况灵活掌握。

②调整胚蛋密度　胚蛋密度大，易升温；密度小，易散热。初上摊床的胚蛋需放双层，随着胚蛋代谢热增高，上层中心蛋可稀放。待胚蛋温差较小时，将胚蛋全部平放。

③开闭门窗　开关门窗能调节室内温度，也可调节摊床上胚蛋的孵化温度。

（3）**机器孵化法**　利用电器孵化机，以电源作为热源进行的人工孵化。其孵化效率高、效果好，适合我国大、中型孵化场应用。

①孵化前的准备　先对孵化室、孵化机具进行严密消毒，并对孵化机做全面检查。检查完后进行试机和运转 1～2 天，待温度稳定后，即可入孵。

②种蛋入孵　入孵前先对鹅种蛋预热处理，使鹅胚胎从静止状态中逐渐苏醒。冬季和早春气温较低时，可将种蛋放置在 22℃～25℃的室内 4～6 小时。入孵时间以下午 4 时为好，这样可在白天大批出雏。

③翻蛋　每 1～2 小时翻蛋 1 次。先按翻蛋开关按钮，待转至 45°自动停止，再将翻蛋开关扳至自动位置，以后每小时翻蛋 1 次。

④照蛋　照蛋要稳、快、准，尽量缩短时间。孵化期内应照蛋

3 次。抽盘时要对角倒盘，即左上角与右下角孵化盘对调，右上角与左下角孵化盘对调。

⑤落盘　采用孵化机和摊床相结合的方法孵化，鹅胚蛋二照以后，可将胚蛋转移至摊床上继续孵化。如全程用机器孵化，胚蛋孵到 28 天时把蛋盘抽出，移到出雏机内继续孵化。此时应提高机内相对湿度 15% 以上，停止翻蛋，准备出雏。落盘时间应视鹅胚胎发育情况而定，具体掌握在有 50%～60% 啄壳时移盘为宜。

⑥出雏　成批出雏后，每 4 小时检雏 1 次。检雏时把雏鹅装在垫有垫草或草纸的竹筐内。检雏动作要轻、快，在检雏的同时捡出蛋壳。对少数出壳困难的雏鹅进行人工助产。

（4）嘌蛋法　嘌蛋法是将孵化到后期的鹅胚蛋运送到另一地方出雏的孵化方法。其特点是运送量大，经济、安全、方便。

①嘌蛋的用具　包括盛装胚蛋的竹编蛋筐、保温用的棉被、被单、毯子、塑料布等。

②运嘌胚龄　以鹅胚蛋运抵目的地出雏为前提，根据运输路径以及交通工具而定。一般而言，嘌蛋胚龄越大，在运送途中越易管理。

③嘌蛋孵化的管理　冬春季节气温低，盛放嘌蛋的竹筐四周用双层纸贴严，筐底垫草，每筐放 2～3 层胚蛋，覆盖棉被，箩筐可作 6 层重叠以利保温，每 2～3 小时检查 1 次蛋温，若发现蛋温过高要及时调筐。在箩筐内，边蛋与心蛋、上层蛋与下层蛋温差大，应互换位置。

夏季气温较高，嘌蛋应以散热为主。若气温达到 30℃以上时，竹筐内只能放 1～2 层胚蛋，即中间 1 层，四周 2 层。注意检查胚蛋温度，适时调筐或翻蛋。蛋温过高应及时晾蛋或喷水降温。

四、雏鹅的雌雄鉴别方法

雏鹅的雌雄鉴别在生产上有重要的意义。在种鹅生产中，雌雄分群饲养，将多余的公鹅及时剔除作商品鹅生产出售，既能降低种鹅生产成本，又可提高养鹅经济效益。具体有以下几种鉴别方法。

（一）捏 肛 法

捏肛法是用手捏肛门触诊生殖器，是鉴别初生水禽雌雄的传统方法。操作熟练后，鉴别速度快，准确率高，每小时可鉴别1 500只左右。

操作方法：用左手拇指和食指在雏鹅颈前分开，握住雏鹅，右手拇指与食指捏住泄殖腔两侧，上下或前后稍一揉搓，感觉有一似芝麻粒或油菜籽大的小突起，其尖端可以滑动，根端相对固定者，为公鹅；反之，为母鹅。

（二）翻 肛 法

雏公鹅阴茎长约0.5厘米，呈螺旋形，在泄殖腔肛门口下方。左手将雏鹅握于掌中，颈部夹在中指与无名指间，腹部向上，左手拇指挤压脐部排出胎粪。然后用右手拇指和食指翻开肛门。若在泄殖腔口见有螺旋形突起（阴茎的雏形）者，为公鹅；若只见有三角瓣形皱褶，则为母鹅。

（三）顶 肛 法

左手握雏鹅，右手食指与无名指夹住雏鹅体侧，用右手中指在肛门外轻轻往上顶，若感到有一小突起，为公鹅；反之，则为母鹅。

（四）毛 色 法

对于羽毛有色泽的鹅种，如灰鹅，雄雏的羽毛总是比雌雏的羽毛淡一些。有的鹅种具有自别雌雄的特征，如英格兰鹅母雏带有明显的灰色标志，公雏则全为白色。

（五）外 形 法

一般情况下公雏鹅体格较大，身躯较长，头较大，颈较长，嘴

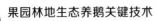

角较长而阔，眼较圆，翼角无绒毛，站立的姿势比较直。母雏鹅相对体格较小，身躯较短圆，头较小，颈较短，嘴角短而窄，翼角有绒毛，站立的姿势有点倾斜。

（六）声 音 法

一般来说，公雏鹅鸣叫声高、尖，母雏鹅鸣叫声比较低、粗、沉浊。

第七章

雏鹅的饲养管理

一、雏鹅的养育

0～28 日龄的苗鹅称为雏鹅，一般指 1 个月内的鹅。

（一）雏鹅的生理特点

1. 体温调节能力差 刚孵出的雏鹅，身体娇嫩，绒毛稀薄，自身调节体温能力弱，对外界环境温度变化十分敏感，特别是对冷、热等不良环境刺激，抵抗力较弱，只有人为地提供适宜的环境，雏鹅才能正常生长发育。随着雏鹅日龄的增加、鹅体及羽毛的自然生长发育，其体温调节功能会逐渐增强，对外界环境温度的变化也能较好的适应。因此，初始育雏阶段应提供较高的育雏温度，5～7 天以后，随着季节、气温的变化逐渐脱温。

2. 生长发育快 雏鹅的新陈代谢功能极为旺盛，早期生长发育快。据测定，在放牧条件下，雏鹅 2 周龄体重可达初生重的 4.5 倍。

3. 消化吸收能力弱 初生雏鹅体质柔而娇嫩，消化道容积小，消化器官和消化功能尚未发育完善，对饲料的消化吸收能力差，对外界恶劣环境抵抗能力弱。在良好的饲养条件下，其消化器官迅速发育，消化吸收能力逐渐增强，以适应新陈代谢旺盛的需要。

（二）育雏前准备

1. 育雏设施及消毒

（1）**设施准备** 育雏舍要求干燥、通风，保温条件良好。育雏前要对育雏舍进行全面检查，发现破损及时维修。采用地面育雏要准备保温伞、红外线灯泡、垫料（稻草或锯木屑）、竹围、料盘、饮水器、干湿温度计等。如采用网上育雏，要准备网架、网床等。

（2）**器具消毒** 育雏前，对育雏舍内外彻底清扫消毒。墙壁可用 10%～20% 生石灰水喷洒消毒。天棚、地面、网床、舍外环境可用百毒杀 2 000～5 000 倍液喷洒消毒。育雏用具、料盘、饮水器清洗干净后用百毒杀 5 000～10 000 倍液喷洒消毒。育雏舍出入口应设有消毒池、更衣室、洗手间、工作服、鞋、帽等。

（3）**试温** 准备工作就绪后，接雏前 1～2 天开始试温，将育雏舍温度、湿度调整好，准备育雏。

2. 选择雏鹅 雏鹅品质的优劣，直接影响到育雏成绩的好坏。育雏时，先对雏鹅进行选择。选择健壮雏鹅是提高育雏率的关键。选择健康雏鹅，最好是种母鹅进行过免疫接种或出壳后进行过免疫接种的雏鹅。

健雏表现为体大、健壮活泼、两眼灵活有神、绒毛黄松光洁、脐部收缩良好、腹部柔软、挣扎有力、出壳时间正常。

雏鹅体重过大或过小，两眼无神，绒毛蓬乱无光，脐部突出，腹部较大、硬实，站立不稳，挣扎无力，出壳时间不正常都属于弱雏，应剔除。

3. 雏鹅的运输 运送雏鹅一般应掌握在雏鹅出孵后 24 小时内送达目的地为宜，最多不应超过 36 小时。应根据路程远近选择好交通工具，若距离太远可选择空运。

雏鹅宜用专用纸箱或竹篮装运，要求既保温又透气，箱、篮内分 4 格，每箱或篮中放雏鹅数量要适当，不可过多过密，以防相互挤压、闷死。运输途中要勤观察雏鹅动态，冬、春季运输要注意保温，夏季要避免日晒雨淋。

（三）育雏技术

1. 适宜的温度、湿度 刚出壳的雏鹅体温较低，自身调节能力差。在育雏期提供适宜的温度和湿度条件，对于提高雏鹅成活率具有重要意义。

育雏开始1～2周需要温度一般在28℃～30℃，1周后每天下降1℃，以鹅群散开均匀"不打堆"为原则。育雏舍湿度一般在55%～60%，视温度适当调整。每次给鹅苗加水加料，都要待毛干进舍，做到圈干食饱，垫料要常翻晒更新，防潮防霉菌。育雏期通常要通宵照明，大致1育雏舍安1只40瓦灯泡即可，4周后逐渐减少光照时间，直至完全停止开灯。

初生雏鹅个体小巧，活泼好动。在育雏过程中，要随时观察鹅苗的动态，根据雏鹅对温度特别敏感的特点，可从雏鹅的活动表现来判断育雏温度是否适宜。当温度过低时，雏鹅会相互拥挤成堆状，严重时会造成大批死亡；温度过高时，雏鹅会远离热源，张口呼吸；雏鹅在舍内分布均匀，活泼好动，神态自然，则表示温、湿度适宜。

低温高湿或高温高湿环境容易使雏鹅体质下降而发病，以至于死亡，是育雏的大忌。正确掌握调控育雏室的温湿度，对雏鹅健康生长发育尤为重要。

当舍外温度在15℃以上时，雏鹅28日龄后即可脱温。低于15℃时，可视其情况，逐渐脱温。

2. 合理的饲养密度 育雏期间适当调控雏鹅的饲养密度，有利于雏鹅采食、运动和休息，有利于雏鹅健康生长发育。在冬、春季节第一周每平方米面积可养雏鹅15～20只。往后，随着雏鹅体重增加和体格逐渐增大，每周可递减3～5只，20日龄时8只/米^2。育雏密度过大，会出现啄羽等恶癖，使雏鹅生长发育不良；饲养密度过小，会降低育雏设施的利用率，增加育雏成本。因此，适时调整雏鹅的饲养密度，有利于雏鹅健康生长。

3. 合理的光照 初生雏鹅第一周采用 24 小时光照，有助于雏鹅采食、饮水、活动，随着雏鹅日龄增加，应逐渐缩减光照时间。光照程序和光照强度见表 7-1。

表 7-1 育雏光照程序

周　龄	光照时间（小时）	光照强度（勒）
1	24	25
2	18	25
3	16	25
4	自然光照	

4. 通风换气 育雏期，随着雏鹅长大，其代谢产物必然相应增多，粪便及垫料所产生的氨气会滞留于室内，污染空气。过量的氨气会刺激引发雏鹅呼吸道疾病，因此在保持舍内温湿度的同时，要注意开门窗通风换气，育雏舍内氨气浓度应控制在 10 毫克/米^{3}以下，即人在室内不觉刺鼻、刺眼为宜。育雏舍要经常打扫清洁，勤更换垫料，保持室内干燥、卫生。

5. 舍外活动 雏鹅饲养到 5～10 日龄时，若天气晴好，可放到舍外沐浴阳光。因日光能刺激雏鹅性激素和甲状腺素分泌，自身合成维生素 D_3，有助于钙、磷的吸收，增强骨骼的发育。

雏鹅在舍外活动或放牧，能使机体得到锻炼，增强雏鹅的生活能力，增强体质。

（四）育雏方式

育雏方式一般分为地面育雏、网上育雏和立体育雏 3 种。地面育雏即把雏鹅养在铺有垫料的地面上或箩筐内；网上育雏即把雏鹅饲养在高出地面约 60～80 厘米的铁丝网或竹条架上，此法可节约大量垫料，雏鹅不接触粪便，可减少疾病的发生，成活率较高。采用2～3层网上育雏，可极大地提高育雏空间利用率，大大降低育雏成本，因此，网上育雏在规模化养殖场被普遍采用。立体育雏是将雏鹅放入多层育雏笼中育雏，但育雏笼的制作成本较高。

根据保温和供温方式不同，鹅的育雏可分为自温育雏（传统育雏法）和供温育雏两种方式。给温方式应根据气候温度和不同的育雏方式选择。鹅的规模化集约化育雏法均采用人工供温方法。

1. 鹅的传统育雏法 传统育雏法又称自温育雏法，自温育雏在散户农家被广泛采用。即利用鹅体的热能，鹅群依靠自身产生的热能取暖。一般采用竹编箩筐、纸板箱、稻草围等容器，内铺厚厚一层稻草或旧棉絮等筑成窝，把雏鹅放在窝内，加盖保温物料，利用雏鹅自身体热保温。此法仅合适于小群育雏或气候暖和的季节。如果遇到低温阴雨天气，温度不够，就要用热水袋或电灯加温。自温育雏节省能源，但缺点是卫生条件差，工作繁琐，育雏效果差，不合适大群育雏。

2. 供温育雏法 室内供温育雏法有以下几种。

（1）**煤炉加温育雏** 小型养鹅场或电力不足的可采用这种方法。一般按每20米^{2}用1个家用煤炉为宜。煤炉上要加烟管并通到室外，以便排烟，防止煤气中毒。煤炉周围应加防护铁丝网，避免伤及雏鹅。

（2）**烟道育雏** 烟道有地上烟道和地下烟道两种，均由火炉、烟道和烟囱组成，火炉和烟囱设在室外，烟道通过育雏室内，利用烟道散发的热量提高育雏舍内的温度。烟道育雏优点是保温构造容易，建设便捷，成本低廉，适合各种房舍构造，燃料可因地制宜，可使用煤和柴草。温度相当稳固，保温时间长，成本低廉，育雏量大，育雏效果好，适合于专业饲养场使用。

地面平养育雏多选用地下烟道育雏，又称火炕式育雏。

使用地下烟道保温应留意：烟道升温迟缓，故应在接雏前3天起火升温，同时调节好室内温度。管理上要定时加温，调节好温度，同是注意防止烟道漏烟，避免发生意外事故。

（3）**保温伞育雏**　保温伞可用铁皮、三合板、纤维板等制成圆形、方形和多角形的伞状罩。伞内热源可采用电热丝、电热板或红外线灯等。保温伞的直径一般为 1～1.2 米，高 70 厘米，保温伞下距地面 6～10 厘米挂 1 支温度计。伞离地面一般 10 厘米左右，雏鹅可自由选择适合的温度。随着雏鹅日龄的增长，应调整伞高度。保温伞育雏数量大，每个伞下可饲养雏鹅 100～150 只。保温伞使用的环境温度应大于 16℃，因此在气温较低时，育雏室内应添置其他增温设施（如煤炉），以提高室温。使用此类育雏器及其他加热设备时，要注意饮水器和饲料盘不能直接放在热源下方或太靠近热源，以免"水火不容"，造成水分过度蒸发，温度增加，饲料霉变，细菌滋生。饮水器和饲料盘应交替排列，以利雏鹅采食。此种育雏方式育雏效果较好，缺点是耗电多，成本较高。

（4）**红外线灯育雏**　把红外线灯直接吊在地面或育雏网的上方，利用红外线灯发热量高的特点进行育雏。红外线灯的瓦数为 250 瓦，每个灯下可饲养雏鹅 100 只左右，灯离地面或网面的高度一般为 10～15 厘米。此法简便，随着雏鹅日龄的增加，随时调整红外线灯的高度，以防损坏红外线灯。用红外线灯育雏温度稳定，室内清洁卫生，垫料干燥，育雏效果较好。缺点是耗电量大，成本较高。

（5）**暖水管或暖气片供温育雏**　在育雏舍内安装暖水管或暖气片，使舍内温度达到合适育雏的温度。该方法适合规模化生产，保温效果好，但成本较高。

二、雏鹅的饲养管理

（一）雏鹅的饲养技术

1. 雏鹅的潮口　一般雏鹅进入育雏舍，先休息一会儿，再喂水，水中加入少量葡萄糖或多种维生素，有利于排除胎粪。雏鹅出壳后第一次饮水叫潮口。初生雏鹅能行走自如，并表现有啄食欲望时，便可进行潮口。方法是：用小型饮水器或水盘让雏鹅自由饮吸，盘中水深 2 厘米左右，以不湿雏鹅绒毛为度。个别不会饮水的雏鹅应调教，可将其喙摁入水中饮水数次，便可学会饮水。

1～3 日龄雏鹅的饮水，可用 0.1% 高锰酸钾溶液或 0.1% 复合维生素溶液，自由饮用。这对于清洁雏鹅胃肠道，刺激雏鹅的食欲，促进其消化吸收能力有好处。

2. 雏鹅的开食　让雏鹅第一次采食饲料，俗称开食。雏鹅出壳 24 小时后即可开食。雏鹅潮口后即可开食。方法是：将半生半熟米饭均匀撒在塑料布上让雏鹅自由啄食。对少数不会吃食的雏鹅，须调教采食。若用颗粒饲料开食，须将粒料碾碎。每天饲喂 6～8 次，少喂勤添，夜间喂 2～3 次。前 2～4 天的饮水中可加入防治肠道疾病的抗生素药物，以减少发病概率。

雏鹅开食后，可喂切成细丝状的青饲料。青饲料要求新鲜、幼嫩多汁，以幼嫩菜叶、莴苣叶最好。

3. 雏鹅的饲喂方法　因雏鹅消化道容积小，育雏阶段应遵循少给勤添、定时定量的原则。精饲料和青饲料搭配饲喂最好，常用的青饲料有青菜叶、白三叶等，要求新鲜幼嫩，洗净，切细；精饲料最好用全价小鹅料或小鸭料、小鸡料等。饲喂顺序最好先精后青，也可青、精混合。随着日龄的增长，精饲料在日粮中比例逐渐减少。

雏鹅开食后，可按 1 份颗粒料（破碎）、2 份青饲料（切细）的比例饲喂。精饲料与青饲料可分开饲喂，以先精后青的顺序饲喂。这样可防止雏鹅偏食过多的青饲料，引起消化不良或腹泻等不良后果。

饲喂次数：第一周内每天饲喂 6～10 次，2～3 小时喂料 1 次，3 日龄后，可在日粮中加入少量的沙砾，以增强其消化功能，5～6 日龄起，可以开始放牧；第二周，随着雏鹅体重的增加，采食量的增大，可逐渐减少到每天饲喂 5～6 次，其中夜间喂 2 次。饲料用量，一般 1～2 日龄每 1 000 只鹅 1 天用 2～5 千克精饲料，5 千克青饲料；3～7日龄，精饲料 5 千克，青饲料 12 千克；8～10 日龄精饲料 20 千克，青饲料 80 千克。同时，饮水要足够。11～20 日龄期间饲喂次数可减少到 6 次；21～30 日龄，雏鹅对外界环境的适应性增强，消化能力加强，饲喂次数减少为 4～5 次。雏鹅 10 日龄后，应以青饲料为主，增加优质青饲料的喂量，逐渐减少补饲精饲料。并可加适量的开口谷（煮至刚露出米粒的谷），训练雏鹅采食谷粒，为放牧稻茬田做准备。

4. 雏鹅日粮配制　我国农村育雏历来习惯采用半生熟饭或浸泡的碎米饲喂雏鹅。米饭虽然适口性好，容易消化吸收，但其营养成分单一，不能满足雏鹅的营养需要，长期饲喂会影响生长发育。

雏鹅开食后，应改用全价配合饲料，最好饲喂全价颗粒饲料。此处列举几个日粮配方，仅供参考。

配方 1：玉米 60%、麦麸 7.5%、米糠 4%、蚕蛹 10%、鱼粉 7%、菜籽饼 7%、碳酸钙 1.5%、骨粉 1.5%、食盐 0.5%、复合添加剂 1%（原重庆市畜牧兽医科学研究所）。

配方 2：玉米 52.2%、豆粕 22%、麦麸 8.7%、稻糠 7%、鱼粉 5%、骨粉 1.9%、石粉 2.9%、食盐 0.3%（南京农业大学）。

配方 3：玉米 62%、麦麸 8.6%、啤酒糟 8.2%、菜籽饼 7%、豆粕 6%、酵母蛋白粉 5%、骨粉 2.4%、微量元素添加剂 0.5%、食盐 0.3%（四川农业大学）。

（二）雏鹅的管理要点

初生雏鹅个体小、体质娇嫩，生理功能尚不完善，其调节体温、御寒抗热能力弱，对外界环境适应能力较差。应根据雏鹅的生理特点，细心呵护，使雏鹅健康成长。

1. 分群　为提高育雏整齐度，对于初生雏鹅应根据个体大小，体质强弱或按公、母进行分群饲养。

在育雏期间如发现个别体质弱小的雏鹅要及时剔除，单独饲喂。雏鹅的分群管理可保持育雏整齐度，提高育雏成活率。

2. 防扎堆 在育雏期间，要经常观察雏鹅的动态。如天气寒冷或育雏温度过低时，雏鹅往往喜欢聚集扎堆，易造成相互挤压窒息而死。雏鹅扎堆时，应及时驱散，同时将舍温升至适宜范围。

3. 防湿 雏鹅对潮湿的耐受力弱，长期生活在潮湿的环境下，会使雏鹅食欲下降，抵抗力减弱，易导致发病率增加。在育雏期间应勤换垫料，地面要保持清洁干燥。舍内要注意开启门窗通风换气，以保持适当的湿度范围为宜。

4. 脱温 在育雏过程中，随着雏鹅日龄的增加，雏鹅个体也渐渐长大，其自体调温能力和对外界环境的适应能力也随之逐渐增强，育雏舍也应逐渐降低育雏温度。雏鹅脱温日龄可视季节、气温变化灵活掌握，冬季和早春气温较低时，雏鹅10～15日龄时可完全脱温；晚春和夏秋季气温较高时雏鹅养至7～9日龄时方可完全脱温。

5. 适时放牧 鹅是以草食为主的水禽。应尽早让雏鹅接触外界环境，以锻炼雏鹅体质和觅食青草的能力。清明鹅与夏至鹅，天气暖和，可在4～5日龄开始放牧；立冬鹅与早春鹅，气候寒冷，可延迟到15～20日龄放牧。要选择晴朗无风的天气放牧，让雏鹅自由采食幼嫩青草。初始放牧可选择就近的草地，且放牧时间要短。随着雏鹅日龄的增加，可逐渐延长放牧时间和放牧距离，让雏鹅吃饱。放牧要选晴好天气，避开寒冷阴雨天，防止雏鹅受寒发病，放牧时要慢赶，回来后要检查雏鹅是否吃饱，并适当补饲。20日龄后可全天放牧，在放牧时，鹅吃饱休息时，要定时驱赶鹅群，以免其睡觉受凉；归牧返回育雏舍，要及时给水、补料，最好用全价饲料。雏鹅期间，应以舍饲为主，放牧为辅，雏鹅放牧主要是培养吃"青"的习惯，适应外界环境，提高抗病能力，为中鹅的放牧打好基础。

6. 放水 雏鹅始牧后，便可同时放水。将雏鹅驱至河边或池塘浅水处，让其自由下水、游戏。对不愿下水的雏鹅，万不可强行驱赶入水，否则易患风寒。初次放水，时间要短，仅让其识水性，数分钟后，将雏鹅缓缓吆喝上岸，任其在岸边休息、梳理羽毛，待绒毛晾干后，再缓慢驱赶回舍。

7. 防敌害 雏鹅娇嫩，无防范敌害的能力。老鼠、黄鼠狼、猫、狗、蛇都是雏鹅的敌害。育雏舍要堵塞鼠洞，放牧时要加强警戒，跟群守护，免受其害。

8. 加强防疫 育雏室要建立健全卫生防疫制度。搞好舍内和环境清洁卫生，病死鹅要深埋或烧毁，防止疾病传播，确保雏鹅健康。

不到疫区进购雏鹅。如选购的鹅苗其种蛋是来自未经小鹅瘟苗免疫过的母鹅，应立即对购进的雏鹅注射小鹅瘟高免血清，增强其免疫力。

第八章
肉仔鹅的饲养管理

一、肉仔鹅的生产技术

肉用仔鹅泛指 5～10 周龄的中雏鹅，又称育成鹅。

（一）肉仔鹅的生理特点

1. 新陈代谢旺盛　仔鹅进入中雏阶段，消化道容积逐渐增大，肌胃肌肉层增厚，收缩力增强，比鸡强 1 倍；且有发达的盲肠，其消化饲料粗纤维的能力比其他家禽高 45%～50%。因此，这期间的仔鹅消化功能旺盛，对青粗饲料的消化能力强，耐粗饲，对外界环境的适应性和抵抗力也逐渐增强。

2. 生长发育迅速　中雏期间是仔鹅骨骼、肌肉、羽毛生长发育最为旺盛时期。在此期间，由于新陈代谢特别旺盛，在放牧加补饲的条件下，生长速度加快，个体体重可以达到初生重的数十倍。肉仔鹅在育肥后期沉积脂肪能力较强。

（二）肉用仔鹅的育肥原理

根据肉用仔鹅耐粗饲、生长快、易沉积脂肪的特点，仔鹅的育肥应按骨、肉、脂生长顺序进行饲养。由于仔鹅阶段骨骼、肌肉生长发育最快，应供给充足的蛋白质和钙、磷，以保证其骨骼的快速生长，使鹅体各部肌肉，特别是胸肌、腿肌充盈丰满。后期通过提供大量碳水化合物，促进体内沉积脂肪，使肉用仔鹅个体变得肥大而结实。

仔鹅育肥后期应饲养于光线较暗淡的环境中，适当限制其活动，减少体内养分的消耗，促进其脂肪的沉积。

（三）肉用仔鹅的育肥技术

肉用仔鹅的育肥是养鹅生产的重要组成部分，也是为市场提供优质鹅产品（鹅肉、羽绒）的重要生产环节。根据肉用仔鹅的生理特点和育肥原理，因地制宜地采用科学的育肥方式，方能取得好的经济效益。

1. 放牧育肥 肉用仔鹅消化能力强，采食量大，对外界环境适应性和抵抗力增强，是骨骼、肌肉和羽毛迅速生长的阶段，因此30日龄后实行以放牧为主、补饲为辅的饲养方式，能充分运动，增强体质，提高成活率，节省大量饲料。

为了促进鹅群快速生长和更换新羽，放牧后需补喂饲料。饲料能量和蛋白质要充足，从而促进骨骼正常生长，防止软脚病和发育不良。

每日补饲次数应按鹅的日龄、增重、牧草质量和采食量灵活掌握，一般30～50日龄每天补饲4～5次，51～80日龄每天补饲3～4次。如果放牧林边有水池，供鹅游泳，更有利于鹅的生长发育。

肉用仔鹅放牧管理，大群鹅放牧时要分成小群，约200只为1小群，如林地小，草料丰盛，鹅群应赶拢些；如林地大，草料欠丰盛，应使鹅群散开，以充分自由采食。放牧场地由近到远，实行分区轮牧，轮牧间隔时间15天以上。每次喂食时注意观察鹅群健康情况，发现病弱鹅应及时隔离和治疗。

2. 网上育肥 没有放牧条件时，可采取网上育肥。用竹或木搭架，架底距离地面60～70厘米，便于清粪。架上铺一层铁丝网，网眼2厘米×2厘米，架四周围以竹条，竹条间距6～8厘米。料槽、水槽分别挂于竹栏外。鹅可在两竹条间伸出头来采食、饮水。

围栏内可分成若干个小栏，以限制鹅的活动，每小栏8～10米^2，每平方米可养仔鹅5～6只。

育肥期间，以全价配合料饲料为主。可选用饲料厂生产的鹅全价颗粒饲料，也可自行生产颗粒料，也可以请饲料生产厂家按配方生产鹅全价饲料，养鹅户也可用鸭饲料代替。

　　肉用仔鹅精饲料参考配方为：玉米 62%、啤酒糟 14.8%、曲酒糟 8%、豆粕 5%、酵母蛋白粉 3%、肉粉 4%、骨粉 2.4%、微量添加剂 0.5%、食盐 0.3%（四川农业大学）。日喂 3～4 次。青饲料可喂薯块、菜叶、青草、牧草等，同时供给清洁的饮水。

　　仔鹅网上育肥，生产效率高，育肥均匀度好，最适合集约化批量饲养。

　　3. 舍饲育肥　仔鹅到 55～60 日龄时，圈养在舍内，限制其活动，以利于育肥。舍饲育肥需喂给高能量的精饲料，如玉米、糠麸、豆饼、稻谷等。日粮参考配方如下。

　　配方 1：玉米 54%、麦麸 18%、米糠 10%、蚕蛹 3%、鱼粉 2%、菜籽粕 8%、碳酸钙 2.5%、骨粉 2%、食盐 0.5%（原重庆市畜牧兽医科学研究所）。

　　配方 2：玉米 62%、啤酒糟 19.8%、曲酒糟 3%、豆粕 5%、酵母蛋白粉 3%、肉粉 4%、骨粉 2.4%、微量添加剂 0.5%、食盐 0.3%（四川农业大学）。

　　配方 3：玉米 40%、稻谷 15%、麦麸 19%、米糠 10%、菜籽饼 11%、鱼粉 3.7%、骨粉 1%、食盐 0.3%。

　　管理上要使舍内光线较暗，限制仔鹅的运动。每天饲喂 3～4 次（晚上喂 1 次），使仔鹅体内脂肪迅速沉积，并供给充足的清洁饮水。经 10～15 天育肥，即可出栏。

二、提高肉仔鹅产肉性能的技术措施

（一）利用优良杂交组合生产商品鹅

　　根据重庆市畜牧科学院资料报道，用莱茵鹅与四川白鹅杂交生产肉仔鹅可极大地提高其产肉力。

以莱茵鹅为父本，四川白鹅为母本，其杂交仔鹅 70 日龄在舍饲条件下，平均体重可达 3.55 千克，比四川白鹅仔鹅（2.99 千克）提高 0.56 千克，增重率提高 18.7%。莱川杂交鹅在放牧加补饲条件下，70 日龄体重最高可达 3.75 千克。莱川杂交鹅还表现出生命力强、耐粗饲、抗病力强、早期生长迅速等特点。

可见利用杂交优势生产肉用仔鹅，为一个理想的方法。

（二）前期放牧、后期舍饲

仔鹅放牧，可锻炼其体质，增强觅食能力。特别是在育肥后期在刈割茬地放牧，能捡食大量麦粒、落谷和草籽。回舍后补饲又能得到营养补充和完善，有利于仔鹅的生长发育。育肥前期，仔鹅可以放牧为主，育肥后期可逐渐减少放牧，改以舍饲为主，有利于仔鹅沉积肌肉和脂肪。据测定，肉用仔鹅采用放牧加补饲方式育肥，其生长育肥速度和经济效益均优于全舍饲饲养。因此，采用半放牧半舍饲的方式育肥肉用仔鹅，应是最好的选择。

（三）饲喂全价颗粒饲料 ＋ 青绿饲料

全价颗粒饲料营养全面，能补充和满足仔鹅迅速生长发育所需各种营养物质。颗粒饲料口感好，相对于粉料，仔鹅更喜采食，且损耗少。颗粒饲料经膨化处理后，易被仔鹅消化吸收。仔鹅饲喂颗粒饲料增重快，费用省，效果好。据测定，仔鹅饲喂颗粒料比单一补饲玉米可多增重 20% 以上，饲料转化率提高 36%，平均每只鹅获利提高 33%，经济效益十分显著。

但要注意的是，在给鹅喂精饲料的同时，应添加一定比例的青绿饲料。有的养鹅户觉得只要鹅吃得好，就会长得肥，长得快。实际生产中只饲喂玉米加豆粕，鹅不但不爱长，而且毛乱，消瘦，不爱吃食，死亡率升高，合理搭配饲料至关重要，大量饲喂精饲料是养鹅的一大误区。

第九章

种鹅的饲养管理

一、种鹅的选留及留种中鹅的饲养管理

种鹅应从雏鹅开始选留，小型鹅公母比例按1∶6，中型鹅公母比例按1∶5～6，大型鹅种为1∶3～4。公、母鹅从小在一起生长，成年后可提高受精率。留种最好自繁自养，有利于卫生防疫，还可按系谱、蛋型选留，避免近亲。若引进鹅雏留种，要从接种过疫苗的鹅群中引进，或者公、母雏分别从两个鹅群或地区引进，公雏鹅可早于母雏鹅1～2周，既防止近亲又有利于配种。

雏鹅选留：选留白色鹅种则雏鹅毛色应为鹅黄色，选留灰色品种则雏鹅毛色应为灰黄色。雏鹅脐部应吸收良好，周围无血斑，无水肿，脐带自然脱落；腹部应收缩良好，触及有弹性和柔软感；蹼应有光泽，颜色鲜明，伸展自如无弯曲。

种雏鹅的饲养参照第七章。雏鹅饲养至4周龄时，经选留即进入中雏阶段。自29日龄起至80日龄的鹅称为中鹅，也称仔鹅。

（一）留种中鹅的生活习性与生理特点

1. 合群性 合群性是中鹅重要的生活习性，给放牧饲养提供了有利的条件。中鹅性情机敏、灵活、善斗，喜在水中游泳。

2. 代谢旺盛 中鹅内脏器官发育较快，特别是消化道极其发达，食管膨大，富有弹性，肌胃肌肉厚实，收缩力强，盲肠发达，对青

粗饲料消化力强，对粗纤维的消化能力比其他家禽高 45%～50%，新陈代谢十分旺盛。

3. 骨骼、肌肉发育快　中鹅阶段是生长发育最快时期，是鹅骨骼、肌肉发育的主要阶段，羽毛的生长也非常迅速，需要的蛋白质、钙、磷、维生素等营养物质也逐渐增加。

根据中鹅生理特点，此阶段应培育出耐粗饲，适应性强，体格健壮的仔鹅，为选育留种打下良好的基础。

（二）留种中鹅的饲养技术

1. 放牧饲养　在中鹅阶段采用放牧为主的饲养方式，民间称为"吊架子"。为了让鹅能采食大量的青饲料，放牧时应选择水草丰茂的草滩、湖畔、河滩地以及稻茬田、麦茬地。放牧地附近有小树林，供鹅群栖息。若没有，则须搭荫棚供鹅避暑、避雨和休息。中鹅一般以 250～300 只组合一群，由 2 人看管为宜；如牧地比较开阔，水草丰盛，可组成 500～1 000 只一群，由 3～4 人管护。

民谣称"吃上露水草，无料也上膘"。当中鹅羽毛长得较丰满时，放牧鹅可早出晚归，尽量延长鹅的采食时间。放牧时要掌握好鹅群放牧节律：采食—游泳—采食—休息—采食。按照这一节律放牧，鹅群就能吃饱、饮足。

2. 适当补饲　中鹅饲料应以青粗饲料为主，适当补饲精饲料。从雏鹅到中鹅，由于生理特性发生了很大的变化，导致采食量增大，消化力增强，生长发育快。中鹅羽毛的长势，是衡量中鹅饲养好坏的标志。因为中鹅首先调动所有的营养，满足羽毛的生长，然后才供给体格的发育。

中鹅阶段需要的营养物质很多，即使全天放牧，也不能完全满足其营养需求。因此，应增加蛋白质和能量饲料，如豆饼、花生饼、糠麸、秕谷、甘薯等混合饲料；还要补充矿物质饲料，如骨粉 1%～1.5%，贝壳粉 2%，食盐 0.3%～0.4%，以促进骨骼的生长。

每日补饲次数和数量，应根据鹅的日龄和生长发育灵活掌握。一般 30～50 日龄时，每昼夜补饲 5～6 次，50～80 日龄，每日补饲 4～5 次，其中夜间饲喂 1～2 次。每只鹅每日补饲量为 130～180 克。

（三）留种中鹅的管理技术

为使中鹅得到最快的增重，又要防止中鹅过肥，使鹅群达到生长整齐，体质健壮，在管理上要做好以下工作。

1. 搭建鹅棚 因地制宜，因陋就简搭建临时性鹅棚，供鹅栖息。场地要选建在地势高燥处，可用竹制高栏围建。除下雨外，棚顶可不覆盖篾席等物。

2. 合理利用牧地 根据放牧地牧草生长情况，选好放牧路线，让鹅吃饱喝足。初放茬田地时，鹅群不习惯采食散落谷粒，应注意进行调教，幼鹅一经学会采食，便能自行觅食。同时，要注意放水游泳，以利于鹅群运动、饮水，有助于消化吸收。

3. 定时放牧 每天放牧 9 小时。早晨 5 时出牧，10 时回棚休息；下午 3 时出牧，晚上 7 时回舍休息。白天补饲可在牧地上进行，以减少往返消耗。

4. 管理好鹅群 每天出牧时注意清点鹅数。放牧中要注意观察鹅群采食情况。根据牧地面积、牧草丰歉情况，调整鹅群放牧密度，使其充分自由采食。在驱赶少数离群鹅只时动作要轻缓，喝令声要柔和，严禁粗暴吆吓，以防惊群而影响采食。收牧时应注意清点鹅数，以免丢失。

要定期做好鹅群有关疫苗接种，不到疫区放牧。要注意防止农药、化肥中毒。喷撒过农药的农田，1 周后，才可在附近放牧。

5. 做好舍内卫生 鹅喜爱清洁干爽的环境。鹅舍要经常清扫，保持干爽。封闭鹅舍要注意通风。舍内要勤换垫料，保持清洁卫生。

鹅群入舍后，可将鹅群分成若干小群，减少互相干扰。鹅群休息时，要保持安静，以免惊群。

二、后备种鹅的选择及饲养管理

80日龄中鹅到种鹅开产期间的青年鹅称为后备种鹅。

后备种鹅的选择：一般在70～80日龄进行。此时羽毛已丰满，主翼羽交翅。选留要求：具有本品种特征，生长发育良好，健康。原则上要求公鹅肥度适中，颈粗而稍长；母鹅要求颈细而稍长，前躯较浅狭，后躯较深宽，臀部宽广。经过选留的雏鹅，在后备鹅选择阶段将有少量淘汰。

开产前选留：淘汰少量不符合本品种要求的、体质差、患病、发育不良的鹅，主要是检查公鹅生殖性能，对公鹅进行采精检查，将阴茎过小、畸形，精液品质不好的淘汰，以减少公鹅饲养量，提高种蛋受精率。

老鹅选留：产蛋结束后，将开产早，产蛋多，就巢性弱，受精率高的母鹅留下；将配种能力强，受精率高的公鹅留下，以提高种鹅的利用率。

（一）后备种公鹅的饲养管理

为培养出体型大、躯体发育匀称、体质健壮、雄性特征明显的公鹅，根据其生长发育迅速的生理特点，通过采用相应的饲养管理措施，提高后备公鹅的种用价值。

1. 合理放牧　后备种公鹅应以放牧为主。放牧可使鹅得到充分运动，增强体质，提高抗病力。同时，放牧可使鹅的消化器官得到充分锻炼，提高消化机能。

随着鹅日龄逐渐增大，放牧鹅可逐水草而行，放牧到较远的草地、河滩、丘陵、农茬地，让其尽量采食优质牧草。

此期鹅群白天可以全天放牧，早出晚归。放牧时要控制好鹅群采食、放水、休息节律。天热时，可适当增加放水次数，在树林或荫棚休息，否则会影响采食量。

后备种公鹅到 150～180 日龄，此时鹅全身羽毛已长齐，可进行第三次种鹅选留。选择具有品种特征，体重符合品种要求，体型结构、健康状况良好的公鹅留作种用。

2. 合理补饲 坚持青粗饲料为主，合理补饲的原则。为防止后备公鹅过肥，要严格控制能量饲料的饲喂量。饲料以糠麸为主，配合少数豆粕、花生饼、薯类混合料。此外，还需补给矿物质饲料、骨粉、贝壳粉、食盐，促进骨骼正常生长发育。

后备种公鹅补饲次数 4～5 次，补饲量 150～200 克为宜，给足清洁饮水。

后备种公鹅饲养到 160 日龄时（较后备种母鹅提前 20 天），可强行换羽，拔除主翼羽和副主翼羽。拔羽后应加强饲养管理，调整日粮水平，使后备种公鹅有一个健壮的体况，旺盛的精力进入配种期。

（二）后备种母鹅的饲养管理

1. 限制性饲养 在后备种母鹅育成期间，采用限制性饲养是培育具有高产性能种母鹅的关键措施。限制饲养可培养鹅耐粗饲能力，控制体重，防止性早熟。

（1）限饲时间 后备种母鹅 80～120 日龄正处于生长发育旺盛时期，应以放牧加补饲的方式饲养。后备种母鹅的限饲一般选定在 120 日龄至开产前 50～60 天，持续时间约 40 天。

（2）限饲方法 主要采取降低饲料营养水平，实行定量饲喂的方法，以达到控制饲养的目的。

鹅群仍以放牧为主，应逐步降低营养水平，每天饲喂 2 次，供给清洁饮水。尽量延长放牧时间。饲料以粗饲料为主，如糠麸、啤酒糟等，以锻炼母鹅的消化功能。限饲精饲料配方：谷物 40%～50%、糠麸类 20%～30%、填充料 20%～30%，其粗蛋白质 5% 左右。在鹅限制饲养期，要注意观察鹅群动态，如精神状态和放牧采食情况，细心看护。如牧地草质良好，鹅群放牧后，可以不补饲或少补饲。根据母鹅体质，灵活掌握补饲量。限饲后的后备母鹅体重允许下降 25%～30%。

2. 开产前期饲养管理　后备种母鹅限制饲养结束后，进入开产前期饲养阶段，此期 60 天左右。

母鹅群除每天放牧外，应逐步提高补饲饲料的营养水平，配方可参考：谷物 50%～70%、糠麸类 20%～30%、填充料 10%～15%，饲粮含粗蛋白质 8%～10% 为宜。同时，逐渐增加补饲量和饲喂次数。经 20 天左右，随着母鹅体重的逐渐增加，开始进入陆续换羽阶段。为使后备种母鹅整齐换羽，整齐进入产蛋期，此时应进行人工强制换羽即拔羽。母鹅拔羽后，适当增加补饲量，细心护理，使其顺利渡过换羽期。

后备种母鹅 150～180 日龄时应进行第三次种母鹅选择。选择标准为外貌具有本品种特征、生长发育好、体重中等、颈细长而清秀、体型长而圆、臀宽广而丰满、两腿结实而间距宽的母鹅留作种用。临产前 30 天应对母鹅注射小鹅瘟疫苗 1 次。调整饲粮营养浓度，蛋白质含量可达 15%～17%。但要注意饲喂量不能增加过快，否则会导致母鹅提前开产而影响以后的产蛋和受精能力。

三、种公鹅的饲养管理

"母鹅好，好一窝，公鹅好，好一坡"。在生产实践中，搞好种公鹅的饲养管理十分重要。

（一）种公鹅的体况要求

种公鹅体况的总体要求是：体格高大匀称，体质健壮结实，中等膘情，羽毛紧密，性欲旺盛，精液品质良好。

（二）种公鹅的饲养方案

1. 种公鹅的饲养特点　要求饲料多样、营养全面、长期稳定，保持种用体况；在配种前 1.5～2 个月逐渐增加营养物质，以保证良好的精液品质。

2. 非配种期饲养 6～10 月份为非配种期，此期虽无配种任务，但仍不能忽视饲养管理工作，除坚持放牧外，还应适当补饲，以满足其能量、蛋白质、矿物质和维生素的需要。

3. 配种期饲养 配种期可分为配种前期（1.5～2 个月）、配种期（7～8 个月）两个阶段。

（1）配种前期 此期除放牧外，种公鹅应较母鹅提前 10～15 天补饲。补饲时，应逐渐增加精饲料喂量，先按配种期饲喂量的 60%～70% 投放，经过 2～3 周达到正常喂量。

（2）配种期 11 月份至翌年 5 月份为配种期，种公鹅消耗的营养和体力最大，日粮要求营养丰富、全面，饲料种类多样化，适口性好，易消化，特别是蛋白质、矿物质和维生素要充分满足。配种期种公鹅日粮中粗蛋白质水平应为 18%～19%。精液中钙、磷较多，必须补充，还要注意微量元素锌、铜、锰、铁的供应量。维生素 A、维生素 E 及 B 族维生素对精液生成及品质也有很大的影响，在冬、春季节青草缺乏时要注意补充。最好补饲全价颗粒饲料。

配种期种公鹅饲粮定额大致为：颗粒料 150～200 克，青饲料 1.5～2 千克，草料每日分 2～3 次饲喂，同时给予清洁饮水。种公鹅不能长得过肥，否则会影响配种，如公鹅体重超标，就要酌情减少精饲料饲喂量。

（三）种公鹅的管理要点

要补充光照。光照能激发公鹅促性腺激素的分泌，刺激睾丸精细管发育，促使后备公鹅达到性成熟。

公鹅早晚性欲最旺盛，因此在早、晚应各放水 1 次，让其嬉水交配，有利于提高种蛋受精率。

放牧前要了解当地草地和水源状况，农药使用情况。切忌将种鹅群放入污染的水塘、河渠内饮水、洗浴和交配。

少数公鹅有择偶习性，这将减少与其他母鹅配种的机会，应及时隔离择偶公鹅，经 1 个月左右，方能克服而与其他母鹅交配。

在配种季节公鹅有互相啄斗争雌行为，影响配种，甚至因争先配种而格斗致伤，应及时制止。

四、种母鹅的饲养管理

饲养种母鹅是为获得高的产蛋量和种蛋良好的受精率，使母鹅能产出更多品质优良的种蛋。根据母鹅在一个繁殖周期内所经历的不同生理阶段，种母鹅的饲养管理可分为产蛋前期、产蛋期和休产期 3 个阶段。

（一）产蛋前期

后备母鹅进入产蛋前期时，生殖器已得到较好的发育。经产母鹅此期换羽完毕，体重逐渐增加。临产母鹅，体态丰满，全身羽毛紧凑，富有光泽，性情温顺，腹部饱满，松软有弹性，耻骨间距增宽，采食量增大，行动迟缓。母鹅常用头点水，寻求配偶或衔草做窝，出现这种现象时，表明临近产蛋期。

1. 饲养特点　此期应采用放牧加补饲的饲喂方式。既要加强鹅群放牧采食，又要逐渐增加补饲量，补饲精料要逐步过渡到种鹅产蛋期的配合饲粮。以舍饲为主的鹅群应注意饲粮中蛋白质、维生素、矿物质及微量元素等营养物质的平衡，使母鹅的体质得到迅速恢复，为产蛋积累丰富的营养物质。

2. 管理要点

（1）补充光照　光照能促进母鹅性腺激素分泌，促使母鹅卵巢卵泡发育，卵巢分泌雌激素，促进输卵管发育，使耻骨开张，泄殖腔扩大。种母鹅临近开产期，可用 6 周时间来逐渐延长光照时间，使其每日光照时间达到 16～17 小时。合理的光照管理，能提高种母鹅的产蛋量和种蛋受精率。

（2）**补饲量逐渐增加**　日补饲量不能增加过快，一般用4周时间的过渡期，逐渐增加到正常量。反之，如果补饲量增加过快，会导致种母鹅开产时间提前，影响以后的产蛋力和种蛋受精率。

（3）**免疫驱虫**　此期种母鹅可进行预防驱虫1次。在开产前2～4周种母鹅应注射小鹅瘟疫苗，使其产下的种蛋具有免疫抗体。

（4）**合理放牧**　放牧地距离要适中，不宜太远。要做到早出晚归，出牧、收牧要不能驱赶过急。要有较多时间让种母鹅在池塘、沟渠戏水。

（二）产　蛋　期

种母鹅开产后，因连续产蛋，需要消耗大量的营养物质。为了发挥母鹅的产蛋潜能，此期应当供给充足的蛋白质、钙、磷、维生素等营养物质，以满足其产蛋营养需要，使种母鹅保持中等膘度体况，利于连续产蛋。

1. 饲养特点　产蛋期种母鹅应采用舍饲为主，放牧为辅的饲养方案。为了提高种母鹅的产蛋量，饲粮中粗蛋白质营养水平应达到17.5%～19%，代谢能为11.29～11.7千焦/千克。每只母鹅日补饲量应控制在120～150克为宜，青绿饲料1.5～2千克。饲喂要做到定时定量，先精饲料后青饲料，青饲料可自由采食。每日一般饲喂3次，早、中、晚各1次，在产蛋高峰期夜间可补饲1次。

2. 管理要点　种母鹅产蛋期每日的光照（自然光照加补充光照）应保证16～17小时，持续到产蛋结束。

产蛋期种母鹅行动迟缓，放牧地应就近选择优质牧草地。出入鹅舍、放牧、收牧、下水均应慢赶缓行。

种母鹅产蛋时间大多数集中在凌晨至上午10时左右，为使母鹅养成在舍内产蛋的习惯，舍内应设置产蛋箱或产蛋窝，让其在固定地点产蛋。放牧前要注意检查鹅群，观察产蛋情况，待母鹅产蛋结束后，再外出放牧。要注意防止窝外蛋。放牧后如发现有母鹅鸣叫不安，有寻窝表现，经触摸腹中有蛋时应将其送回产蛋窝内产蛋。

此期要注意环境卫生，产蛋窝（箱）要勤换垫草，保持种蛋的清洁。舍内要备有清洁的饮水，任其自由饮用。

四川白鹅需在水上配种，因此种母鹅产蛋期每天要保证种鹅有一定的时间（特别是上午和傍晚）在水上游泳、戏水、交配。

（三）休 产 期

中型产蛋鹅如四川白鹅产蛋期可长达7～8个月，多集中在冬、春两季。母鹅到产蛋后期体重明显下降，大多数母鹅羽毛干枯，产蛋量明显降低，而进入休产期。此时应淘汰体弱低产鹅和伤残母鹅。

1. 强制换羽 母鹅进入休产期后一些母鹅开始脱毛，在自然状态下，鹅的换羽时间参差不齐，此后开产也有前有后。为了缩短鹅群换羽时间和控制统一开产时间，需要进行人工强制换羽。

（1）饲喂与操作 强制换羽是经过人为改变鹅群饲养条件，降低营养水平等手段，使其换羽。具体操作是：种鹅群停止喂料2～3天，供给饮水；第四天开始喂粗糠及青饲料，经12～13天，鹅体重减轻1/3左右，主翼羽与主尾羽出现干枯现象时，再依次拔除主翼羽、副主翼羽，最后拔主尾羽。

人工拔羽应选择气温暖和的晴天进行。种公鹅应较种母鹅提前10天左右进行强制换羽，使其在以后种母鹅开产时具有强健的体质和配种能力。

（2）管理要点 鹅群拔羽后当天不能下水，以防细菌感染，引发毛孔发炎等疾患。第二天可以放牧、下水游泳。避免烈日暴晒或雨淋，气温变化时要注意防寒保暖。

强制换羽后由于鹅的体质较弱，加之受强行拔羽的刺激，其自身抵抗力较差，要注意环境清洁卫生，并加强对鹅群的护理。

2. 休产期饲养管理要点 鹅的繁殖有较强的季节性，种母鹅每年停产期长达4～5个月。休产期种鹅应放牧为主，饲料以青粗饲料为主，以锻炼和提高鹅群耐粗饲的能力，从而降低饲养成本。

为使种鹅群保持较高的生产能力，每年在停产期间要严格选择和淘汰部分生产力低的种鹅，并补充优良后备种鹅。

休产期种鹅可进行鹅活体拔绒 2～3 次，以增加经济收入。

五、种鹅的配种适宜年龄、公母配备比例及利用年限

我国鹅种性成熟较早，公鹅多在 5 月龄，母鹅在 7～8 月龄时性成熟。但过早配种会使公鹅发育不良，一般在 11～12 月龄时开始配种较好。母鹅开产后，当蛋重达到该品种标准时就可以配种了。小型鹅如太湖鹅、豁眼鹅的公鹅年龄要求要小些，性活动强，以提高受精率。

公母比例因品种、年龄、气候、体质强弱、配种方法等不同而有差异。通常我国小型鹅种公母配比为 1∶6～7，中型鹅种为 1∶5～6，大型鹅种 1∶4～5。一般在天气寒冷的冬季、早春、老龄公鹅、饲养水平不高、公鹅性活动弱时，公母比例应相应小。人工授精时，公母比例可以提高到 1∶15～20。实际生产中，公母比例要根据种蛋受精率及时调整。如果公鹅过多，则会因公鹅争抢爬跨影响交配，受精率反而下降。

种鹅的利用年限，应根据生产性能而定，一般母鹅前 3 年的产蛋量最高，多数在这段时间内，年产蛋量逐年增加，到第四年后逐年下降，所以种鹅利用年限为 3～4 年。通常第二年的鹅比第一年的鹅多产蛋 15%～25%，第三年比第一年多产蛋 30%～45%。因此，为了保证高产稳产，鹅群要保持适当的年龄结构，母鹅群的年龄结构应为：1 岁母鹅占 30%、2 岁母鹅占 35%、3 岁母鹅占 25%、4 岁母鹅占 10%。但有些品种的种鹅，如我国的太湖鹅和前苏联的库班鹅，产蛋量以第一年最高，可用到 1 个产蛋年度结束，当少数鹅开始换羽时，全部淘汰作肉用鹅出售，再选留当年的清明鹅作后备种鹅。

六、鹅配种方法

按群体组合大小，可分为大群配种和小群配种两种。在生产中一般大群饲养管理比较方便，大群母鹅内，按适宜比例放入公鹅。在匈牙利 1 名饲养员可管理 1 万只种鹅。有时有个别称雄公鹅，往往霸占大部分母鹅，但又无能力照顾每只母鹅配种，使种蛋受精率降低，应注意把这种公鹅及时剔除。小群配种是指用 1 只公鹅与适当比例的母鹅放在 1 个圈舍中进行配种，这种方法多用于专业育种场，进行有系谱的繁育。

按照交配的具体方法，可分为自然配种、人工辅助配种和人工授精。

自然配种：将选留好的公、母鹅按适当比例组群，达到性成熟时公母鹅自然求偶配种，这是当前养鹅生产中普遍采用的方法。

人工辅助配种：指体型差距较大的公母鹅，配种时需要人工辅助，即保定住母鹅，便于公鹅交配。

人工授精：指人工给公鹅采精，然后人工给母鹅输精。人工授精可以提高种蛋受精率，减少公鹅饲养数量，提高优秀种公鹅利用率，有利于选种和提高生产性能。但这种方法在我国养鹅生产中运用较少。

七、提高鹅繁殖力的主要措施

如何提高母鹅的产蛋量、种蛋的受精率和孵化率，是当前鹅业生产的现实问题，这不仅关系到养鹅的经济效益，也关系到鹅业生产的持续发展。繁殖是养鹅生产中的重要环节，只有提高繁殖力才能增加数量、提高质量，从而获得较好的经济效益。

（一）加强选种选配

鹅繁殖的基本形式为产蛋。因此，从产蛋量高的母鹅后代中选择培育公鹅和母鹅，对提高产蛋率效果较好。

公鹅要求体型外貌标准、体质健壮、雄性特征明显、精液品质优良；母鹅要求体重中等，颈细长而清秀，臂部宽而丰满，两腿结实，间距宽。实践证明，有目的地选种选配是提高种鹅繁殖力的有效途径。

（二）配种前补饲

种鹅是鹅业生产的主体，是繁殖后代和实现后代生产性能的体现者，只有满足其营养全面需要才能提高繁殖性能。搞好种鹅在配种前的放牧和补饲是提高母鹅产蛋率和受精率的重要措施。产前补饲是指在配种前对种鹅适当补饲精料，公鹅提前 50 天补饲，母鹅提前 30 天补饲。使母鹅在产蛋前储积丰富的营养，体态丰满，公鹅具有雄健的体况，旺盛的精力进入配种期。

（三）精心饲养管理

加强配种期种鹅的饲养。种公鹅的配种能力取决于健壮的体质、充沛的精力和旺盛的性欲。应保证蛋白质、维生素、矿物质的充足供应，保持种鹅适度的膘情。有条件时公、母鹅分开饲喂。给公鹅党参、糯谷，即用糯谷 5 千克、党参 5 克同煲炖熟，加少量猪油饲喂。母鹅除放牧外必须进行补饲。产蛋期日粮蛋白质水平应达到 18%～19%。在母鹅产蛋高峰期应加喂夜餐，有利于提高母鹅的产蛋量。

此外，及时淘汰低产鹅和伤残鹅，也是提高整个鹅群产蛋量和经济效益的重要措施。

（四）优化鹅群结构

种鹅担负着繁殖的重任，调整鹅群适当的年龄结构是提高鹅群繁殖力的重要措施。种鹅群适宜的年龄组成比例为：1 岁母鹅占 30%、2 岁母鹅占 35%、3 岁母鹅占 25%、4 岁母鹅占 10%。这样既能保证种鹅群高产、稳产，又能提高种蛋受精率。要注意在新老鹅混合组群时，应按公母鹅比例（1∶4～5）放入种公鹅，避免发生咬斗，影响配种，降低受精率。

（五）提高种蛋孵化效果

种蛋孵化成绩受种蛋质量、环境卫生、孵化条件三大因素的影响，而种蛋质量又是提高孵化率的前提。精选出的优质种蛋须在清洁卫生的室内环境中贮存。种蛋贮存时间不宜太长，一般以不超过7天入孵。在鹅种蛋入孵过程中，控制好温度、湿度、通风三大要素，辅之以适时翻蛋、晾蛋等措施，就能获得满意的孵化率。

八、鹅的反季节繁殖技术

鹅产蛋都有明显的季节性，因为鹅的品种不同，其产蛋的日龄和季节性就不同。季节性繁殖活动造成了雏鹅生产和供应的季节性显著变化。为此，四川省畜禽繁育改良总站的专家们在消化吸收国内外鹅反季繁殖技术的基础上，研究总结出一套四川白鹅反季节繁殖综合配套技术，使种鹅在正常的非繁殖季节繁殖产蛋，并为市场提供适应生产需要的鹅苗和商品仔鹅，不仅填补了市场空缺，显著地增加了养鹅经济效益，而且能均衡全年肉鹅生产，有利于促进养鹅业的产业化发展。

（一）鹅反季节繁殖生产的概念和优势

1. 鹅反季节繁殖生产的概念　鹅反季节繁殖是指通过人为的措施调整种鹅的产蛋季节，使种鹅在正常的非繁殖季节（四川白鹅为每年6～8月份）繁殖产蛋，并全年均衡地为市场提供品商品肉鹅。

2. 鹅反季节繁殖生产的优势　以四川白鹅为例，四川白鹅具有明显的繁殖季节性，表现为从每年的9月份进入繁殖产蛋期，至翌年5月份进入休产期，全年的产蛋最高峰发生于12月份至翌年1～2

月份。季节性繁殖活动造成了雏鹅生产和供应的季节性显著变化。实施四川白鹅反季节繁殖和生产技术，将有利于以持续稳定生产为特点的规模化肉鹅生产的发展和提高农户养鹅经济效益。鹅反季节繁殖生产的主要优势如下。

①实现鹅苗和商品肉鹅全年均衡生产。

②避开冬季1～2月份雏鹅上市高峰，此时正是中国传统的春节，是农户休息探亲时节，农户养鹅积极性下降，使雏鹅供过于求造成价格大跌。

③夏季繁殖生产有利于提高雏鹅成活率，降低育雏成本。

④非繁殖季节由于雏鹅和商品肉鹅较少，价格显著高于繁殖季节，因此能取得显著的经济效益。据广东省1997—2004年鹅反季节繁殖和生产的结果表明，反季节繁殖的种母鹅比正常季节繁殖的种母鹅每只增加效益120～150元。商品肉鹅每只增加效益3.9～10.3元。

（二）鹅反季节繁殖关键技术

1. 调整产蛋季节 四川白鹅开产日龄在200～210天。常规饲养的四川白鹅种鹅，一般在每年的1～2月份留种，经培育后，9月份至翌年的4月份为繁殖产蛋期，5～8月份为休产期。为了实现种鹅反季节繁殖，常规饲养的种鹅开产4个月后，即翌年1月份停止精饲料供给使其停产，进行强制换羽，经60～90天的恢复后，种鹅4月份重新开产至12月底停产，结束第一个产蛋年。如此反复，在每年的1月份进行强制换羽，并配套相应的饲养管理措施，使四川白鹅在每年的4～12月份产蛋，实现反季节繁殖。

2. 种鹅强制换羽技术

（1）强制换羽的目的 人工强制换羽是一项在鸡、鸭生产中广泛应用的成熟技术，但在传统养鹅生产上应用的不多。种鹅的人工强制换羽，即人为地给鹅施加一些应激因素（光照、营养等），引起鹅的器官和系统发生特有的形态和功能变化，在短期内使鹅换羽停产，并缩短换羽停产的时间，从而改变鹅群的开产时间，提高产蛋的整齐度，便于生产管理。因此，通过强制换羽可以使种鹅进行反季节生产。

（2）操作方法

①整群与停料　强制换羽前1～2天进行整群，淘汰伤残鹅；停止人工光照，使用自然光照；停料3～4天，停止时间以产蛋率降至5%以下为准；保证充足饮水。

②饲喂青饲料　从第4～5天开始饲喂青草或适当加一点育成鹅饲料，喂7天左右，具体时间以拔毛完成为止。

③人工拔毛　停料后7～10天，当产蛋率几乎降至0%时开始试着拔大翅膀毛。如果拔下来的毛不带血，就可逐根拔掉。暂时不适合拔的鹅第二天再拔，2～3次（天）可拔完。

④饲喂育成鹅料　拔羽完成后饲喂育成鹅料加青草，饲喂方法与育成期限制饲养方法相同。从停料到交翅（主翼羽在背部交叉）需要50～60天。

⑤换产蛋鹅料　交翅后换成产蛋鹅料，用2～3周时间喂料量增加至饱食量，同时逐渐增加光照。

⑥注射疫苗　拔羽后45天开始注射禽兔巴氏杆菌A苗、小鹅瘟疫苗、禽流感疫苗。注意每周注射1种疫苗，时间间隔1周。

⑦后期饲养管理　当产蛋率达30%以上时，使用产蛋高峰期饲料，之后恢复正常的饲养管理。

3. 反季节繁殖性能与效益　据测定（马敏等，2007），四川白鹅反季节繁殖种鹅的平均每只年产蛋量为73.1枚，种蛋受精率为87.7%，受精蛋孵化率为90.3%，主要繁殖性能指标与正常季节繁殖种鹅相近。通过实施反季节繁殖技术，种蛋、鹅苗和肉仔鹅的市场价格均大幅度提高，示范户种鹅每只平均增收119.4元，商品肉仔鹅每只平均增收7.8元。

（三）鹅反季节繁殖的配套技术

1. 人工控制光照和温度　反季节种鹅进入产蛋期，正值夏季高温季节，应采取降温和遮光措施给种鹅提供适宜的产蛋环境。自然条件下的光照强度和环境温度超过种鹅产蛋的最适范围时对繁殖不利。人工调控以降为主。一是停止人工光照，只用自然光照。二是用遮阳网遮阴，将种鹅放养在用双层遮阳网覆盖的运动场或果园林地上，使产蛋鹅生活在没有阳光直射的环境中。三是用深井水或刚抽取的地下水降温，地下水水温低，降温效果好。适时用水冲洗运动场，以降低地表和环境温度；适时对鹅舍房顶和运动场遮阳网上人工降水，缓解环境高温；勤换戏水池里的水，通过洗浴、饮水，降低种鹅体表和体内积热；四是开启鹅舍门窗和排风扇，加大通风散热、除湿功用。

2. 营养调控　包括种鹅育成期、强制换羽期和产蛋期的饲料控制。在种鹅（常规和反季种鹅）育成期，饲养以青粗饲料为主，精饲料为辅，达到扩大胃肠容积、锻炼消化功能、性成熟与体成熟同步的目的。强制换羽拔毛前控料，以尽快停产，促进换羽为前提，以停供和缓增为主。其中从完全停料（4～5 天后）到拔毛时的六七成饱阶段，饲喂量的增加需逐步进行。拔毛后至产蛋前控料，以尽快恢复和蓄积产蛋所需营养物质为前提，以增量为主。产蛋期控料，以满足产蛋需要，提高受精率和出孵率为前提，以质优、均衡、营养全面，自由采食为主。

在无种鹅（产蛋鹅）专用配合饲料的情况下，反季节种鹅的日粮可选购市售种鸭成品料，再添加能量饲料（玉米面、大麦）、青饲料等，按比例混合搭配。

3. 适时留种　转变留种习惯，培育专门的反季节种鹅。改变传统的 1、2 月份留种的习惯，采取选留 9 月份左右的鹅，通过强制换羽、人工控制光照和温度等综合措施，使 4～5 月份开产的种鹅在非繁殖季节（6～8 月份）保持较高的产蛋率和受精率，达到反季节繁殖的目的。其具体方法是：在 8 月中旬至 9 月上旬，选择强健符合种用要求的鹅苗（来自于反季节种鹅的后代）留作种用，按后备种鹅管理要求进行培育，至 5 月龄时（即翌年 1～2 月份）实施一次强制换羽，到 4 月份开产，12 月份停产，结束第一个产蛋年。接下来按反季节种鹅饲养，翌年 4 月份又进入产蛋期。反季节种鹅可连续利用 2～3 年。

4. 其他配套技术

（1）**提供高床鹅舍，满足反季种鹅栖息和产蛋需要** 种鹅舍内面积按每平方米 4 只成鹅建造，坐北朝南，东西列向，双坡式，顶高 5 米以上，进深 8～10 米。舍内设吊灯（按每平方米 2 瓦白炽灯计，多点分布）、换气扇、产蛋窝（按每平方米 10 只母鹅计，设在鹅床的一角）。鹅床可用木条或竹竿做支架，铺塑料网（能负重，便于工作人员在网床上行走操作）。网床南侧搭缓坡与运动场地面相连。床面离地 1 米以上，以利于漏粪、通风、散热和除粪。

（2）**提供运动场，满足反季节种鹅采食、戏水、栖息及交配的需要** 运动场面积按每平方米 2 只成鹅计。运动场是种鹅活动最频繁，逗留时间最长的地方，最好采用水泥缓坡地面，南端用砖砌 30 厘米高的挡水墙；距挡水墙 2～3 米形成浅水滩，作为戏水池，水深 10 厘米左右。为了有效地降低光照强度和温度，运动场上方（离地 1.5～2 米），用双层或加强型遮阳网覆盖 3/4，以利防暑降温。

（3）**夏季肉鹅反季节生产要点**

①育雏期 育雏一般不需要长时间供热保温，但必须配置红外灯等加温设施，以备早、晚气温低和天气突变时使用，同时配备通风换气设备。为了防止饲料、粪便腐败和滋生细菌，应每日定时清除饲料残渣和承粪板上的粪便，清洗饮水槽更换饮水。

②育肥期 采用半开放式育肥鹅舍，坐北朝南，舍内搭建鹅床，建筑格式同种鹅舍。运动场上不需设戏水池，但要在运动场上方离地 1.8～2 米处设遮阳网，避免阳光直射，农户养殖可选择在遮阴的果树林地和植物藤架下设运动场，也能起到防暑降温的作用。

③放牧 放牧应在早晨和傍晚进行。如中午不能赶回鹅舍，要选择阴凉处休息，并为鹅群提供清洁水源，让鹅饮水、戏水。

（4）**人工种草** 鹅是草食家禽，食草为主，应人工种植优质牧草以提供充足的青饲料。100 只鹅需种植 667 米^2（1 亩）优质牧草，秋冬季以黑麦草为主，夏季种植高丹草、三叶草等。

（5）**科学的疫病防治技术**　按免疫程序接种小鹅瘟、禽流感、巴氏杆菌病（禽霍乱）等疫苗。

免疫程序参考如下，各地应根据当地疫情流行动态、季节、抗体监测水平做适当调整或增减。

①种鹅免疫程序　1～3 日龄接种小鹅瘟高免血清，2 周龄接种禽流感疫苗，4 周龄接种禽巴氏杆菌病灭活苗，27 周龄接种禽巴氏杆菌病灭活菌，28 周龄接种小鹅瘟疫苗，29 周龄接种禽流感疫苗。

②商品肉鹅免疫程序　1～3 日龄注射小鹅瘟高免血清（产前未注射小鹅瘟疫苗母鹅所产雏鹅），4 周龄接种禽巴氏杆菌病灭活菌。

第十章

鹅常见疾病的防治

一、鹅疾病的预防和控制措施

鹅疾病防治的宗旨是预防为主、治疗为辅，防治结合。

（一）养殖场要严格执行消毒制度，杜绝一切传染来源

用化学药品或某些物理方法杀灭物体及外界环境中的病原微生物的方法，称为消毒。它通过切断传染途径来预防传染病的发生或阻止传染病继续蔓延。因此，消毒是一项重要的防疫措施。消毒的范围包括周围环境、鹅舍、孵化室、育雏舍、用具、饮水、仓库、饲料加工场、道路、交通工具及工作人员等。

1. 消毒的种类

（1）**预防性消毒**　指平时饲养过程中，为预防疫病发生而有计划地定期对鹅舍、运动场、用具、料槽、饮水等进行消毒。

（2）**临时消毒**　指养殖场发生传染病后，为迅速控制和扑灭疫情，而对疫点、疫区内的病鹅排泄物和分泌物、被污染的用具、场地进行的消毒。或由于临近的村或养殖场发生了危害性较大的传染病，或者由于某些环节处理不当，怀疑鹅场的某些场所、道路、水源、用具、车辆、衣物等可能被传染源污染，为了安全起见，对上述物体、场所进行的临时性的消毒措施，也称突击性消毒。其目的是为了消灭病原体，切断传播途径，防止传染病的扩散。临时消毒

一般需要多次反复进行。

（3）**终末消毒** 指被传染病感染的鹅群已死亡、淘汰或全部处理后，2周没有出现新病例时，对养鹅场内、外环境和用具进行的一次全面彻底的大消毒。

平时要做好鹅舍、运动场及生产用具等的清洁、消毒工作，合理处理垃圾、粪便、保持洁净的饲养环境，减少发病概率。未发生疫病的鹅舍预防性消毒一般每月1次；发生疫病时，鹅舍要进行临时消毒和终末消毒，一般每周2次，且药物的浓度要稍大。空舍消毒时要遵循先净道、后污道。空舍消毒一般要用2～3种不同作用类型的消毒药交替进行。

2. 鹅舍消毒的基本步骤

（1）**清理鹅舍内的废弃物，并对地面进行清扫** 鹅舍清扫先顶棚，后墙壁，再地面；从鹅舍的远端到门口，先室内后环境，逐步进行，经过认真彻底的清扫和清洗，可以大大减少粪便等有机物的数量。

（2）**高压水枪冲洗** 用高压水龙头冲洗育雏网床、地面、料槽或饲料盘、水槽等地方。

（3）**地面、墙壁的消毒** 可用0.3%过氧乙酸（每立方米用量30毫升）喷洒鹅舍的地面、墙壁和屋顶。也可用10%漂白粉或2%烧碱溶液消毒。

鹅场育雏舍，应进行彻底全面的消毒，具体方法如下：网架、地面、墙壁（1.4米以下）全面泼洒消毒药10%漂白粉或2%烧碱溶液，隔8小时后，用清水彻底冲洗干净后，再用甲醛（按每立方米甲醛40毫升，高锰酸钾20克，热水15毫升。）进行熏蒸消毒，为了提高熏蒸效果，可将舍温控制在24℃，相对湿度75%以上，密闭熏蒸24小时，然后打开门窗，通风换气3～4天。进雏当天再用百毒杀溶液，全面喷雾消毒1次。

3. 常用的消毒药及其使用特性

（1）**甲醛溶液** 36%～40%甲醛溶液称为福尔马林。它是广泛使用的杀菌剂，0.25%～0.5%甲醛液在6～12小时能杀死细菌、芽孢及病毒，可用于仓库、畜舍、孵化室的消毒以及器械、标本、尸体防腐，并用于雏鸭、种蛋的消毒。

（2）氢氧化钠（烧碱、火碱、苛性钠）　为白色或黄色块状或棒状物质，易溶于水和醇，露在空气中易吸收二氧化碳和水而潮解，使消毒效果减弱，故需密闭保存。3%～4%氢氧化钠溶液能杀死病毒和细菌。30%溶液能在10分钟内杀死炭疽芽胞，加入10%食盐能加强氢氧化钠的杀灭芽孢的能力。0.5%～1%氢氧化钠溶液可作为畜禽体表消毒。

（3）生石灰　用于墙壁、地面、粪池、污水沟等消毒，配成10%～20%石灰乳喷洒或涂刷；也可直接撒用生石灰粉。生石灰易吸收二氧化碳，使氧化钙变成碳酸钙而失效，故要现配现用。

（4）来苏儿（煤酚皂溶液）　可用于鹅舍、墙壁、运动场、用具、粪便、鹅舍进出口消毒。常配成3%～5%的浓度作鹅舍进出门消毒用；用5%～10%的浓度作排泄物消毒用。

（5）百毒杀（双链季铵盐消毒剂）　用于饮水、带鹅消毒、鹅舍、用具等的消毒。饮水消毒浓度1∶10 000～20 000；一般鹅舍、用具等的消毒浓度1∶1 000～3 000；紧急消毒时按说明加大倍数。

（6）高锰酸钾　可用于皮肤、黏膜、创面冲洗，以及饮水、种蛋、容器、用具、鹅舍等的消毒。0.1%溶液用于皮肤、黏膜创面冲洗及饮水消毒；0.2%～0.5%的浓度用于种蛋浸泡消毒；2%～5%的浓度用于饲具、容器的洗涤消毒。高浓度有腐蚀作用，遇氨水、甘油、酒精易失效。本品为强氧化剂，不能久存，应现配现用。

（7）新洁尔灭（溴化苄烷铵）　可用于鹅舍、地面、笼饲具、容器、器械、种蛋表面的消毒。市售商品为2%或5%的浓度，用时稀释成0.1%溶液。用于浸泡种蛋，温度40℃～43℃，不宜超过30分钟。本品忌与肥皂、碘、升汞、高锰酸钾或碱配合使用。

（8）劲能（DF-100）　用于环境、器具、种蛋、饲料防霉等消毒。1:1500 用于环境、器具喷洒消毒或浸泡种蛋、器械；防饲料霉变可按每吨饲料添加 25 克，防鱼粉霉变可按每吨鱼粉添加 60 克，拌匀，有效期 6～8 个月。

（9）**复合酚（菌毒敌、菌毒灭、菌毒净）** 用于鹅舍、笼具、运动场、运输车辆、排泄物的消毒。常用 0.3%～1% 溶液喷洒、清刷鹅舍地面、墙壁、笼具等进行消毒，忌与碱性物质和其他消毒药合用。

（10）**威力碘（络合碘溶液）** 用于带鹅消毒和饮水、种蛋、笼器具、孵化器的消毒。1:60～200 稀释后带鹅喷雾消毒；1:200～400 稀释供饮水用；1:200 供种蛋浸泡消毒 10 分钟；孵化器等器具可按 1:100 稀释后浸泡或洗涤消毒。

4. 鹅场消毒四大误区

误区一：不发疫病不消毒。

消毒的主要目的是杀灭传染源的病原体。传染病的发生需要 3 个基本条件：传染源、传播途径和易感动物。在家禽养殖中，有时没有看到疫病发生，但外界环境已存在传染源，传染源会排出病原体。如果此时没有采取严密的消毒措施，病原体就会通过空气、饲料、饮水等传播途径，入侵易感家禽，引起疫病发生。如果此时仍没有及时采取严密有效的消毒措施，净化环境，环境中的病原体越积越多，达到一定程度时，就会引起疫病蔓延流行，造成严重的经济损失。因此，家禽消毒一定要及时有效。具体要注意以下 3 个环节：栏舍内消毒、舍外环境消毒和饮水消毒。家禽消毒每周不少于 3 次，环境消毒每周 1 次，饮水始终要进行消毒并保证清洁。

误区二：消毒后就不会发生传染病。

这种想法是错误的。这是因为虽然经过消毒，但并不一定就能收到彻底杀灭病原体的效果，这与选用的消毒剂及消毒方式等因素有关。有许多消毒方法存在着消毒盲区，况且许多病原体都可以通过空气、飞禽、老鼠等多种传播媒介进行传播，即使采取严密的消毒措施，也很难全部切断传播途径。因此，家禽养殖除了进行严密的消毒外，还要结合养殖情况及疫病发生和流行规律，有针对性地进行免疫接种，以确保家禽安全。

误区三：消毒剂气味越浓效果越好。

消毒剂效果的好坏，不简单地取决于气味。有许多好的消毒剂，如双链季铵盐类、复合碘类消毒剂，就没有什么气味，但其消毒效果却特别好。

误区四：长期单一使用同一类消毒剂。

长期单一使用同一种类的消毒剂，会使细菌、病毒等产生耐药性，给以后杀灭细菌、病毒增加难度。因此，家禽养殖户最好是将几种不同类型、种类的消毒剂交替使用，以提高消毒效果。

（二）加强饲养管理，科学饲养

根据"预防为主，综合防治"的原则控制疾病。

保持鹅舍的清洁卫生，定期消毒，通风换气，维持适宜的、相对稳定的生长环境。合理放牧和补饲，增强体质，提高鹅抵抗能力。

本着"早、快、严、小"的原则，平时多观察，及时发现、隔离和淘汰病鹅，及时诊断，并对症制定治疗方案，避免疫病传播。对死鹅要焚烧或深埋，操作人员要用消毒液洗手。

实施有效的免疫计划，认真做好免疫接种工作。

定时驱虫和消毒。在鹅 20～30 日龄、60～90 日龄用广谱驱虫药如阿苯达唑（丙硫咪唑）各驱虫 1 次，定期对生长环境进行严格消毒。

生产上最好能做到"全进全出"。防止交叉感染应采用"全进全出"的饲养方式。每批鹅全部出售后，对鹅舍、场地、用具等进行彻底清洗，并选用不同消毒液喷雾或浸泡消毒 2 次，两次消毒时间间隔 12 小时以上，空置 2 周以上。这样，可有效切断病原的传播，减少疫病发生，提高成活率，降低成本，增加效益。

（三）制定免疫程序

规模化养鹅场，由于饲养数量大，饲养密度较高，随时都有可能受到传染病的威胁，为防患于未然，平时要有计划地对健康鹅群进行免疫接种。

1. 免疫程序的制定和应用　制定免疫程序必须根据鹅疫病流行情况及其规律、鹅的用途（种用、蛋用或肉用）、日龄、母源抗体水平和饲养条件以及疫苗的种类、性质、免疫途径等因素制定。免疫程序不是一成不变的，应根据具体情况随时调整。

参考鹅免疫程序：鹅 1 日龄接种小鹅瘟疫苗或注射小鹅瘟抗血清（种鹅产蛋前未接种小鹅瘟疫苗的）；7 日龄接种禽流感疫苗；15 日龄接种副黏病毒病油乳灭活疫苗；20 日龄再加强免疫禽流感；种鹅 90 日龄前后注射禽霍乱疫苗；120 日龄注射大肠杆菌病疫苗；180 日龄第三次注射禽流感疫苗；200 日龄第四次注射禽流感疫苗（禽流感流行地区）。另外，种鹅可在产蛋前 1 个月注射小鹅瘟疫苗和蛋子瘟疫苗各 1 次。对疫区根据不同的疫情进行强化免疫。

2. 免疫接种注意事项　①疫苗必须来自有信誉、质量有保证的生物制品厂。②疫苗必须进行冷藏运输和保存，使用前不能在阳光下暴晒。③使用前逐瓶检查是否有破损、变质、异物或密封不严，凡存在上述现象的疫苗一律不得使用。④尽量减少开启疫苗箱的次数，开后应及时关严。⑤注射用具应清洗，煮沸消毒，吸取疫苗时做到无菌操作。⑥饮水免疫时应注意水质，水中不应含氯，要让绝大多数鹅饮到足够量的疫苗。⑦接种后应加强饲养管理，减少应激因素（如寒冷、拥挤、通风不良等），使机体产生足够的免疫力。

二、鹅的常见病防治

小 鹅 瘟

小鹅瘟（Gosling plague，GP）是由小鹅瘟病毒引起的一种雏鹅急性败血性传染病。主要侵害 3～20 日龄雏鹅，患病雏鹅以精神委顿、食欲废绝和严重下痢为主要特征。本病传播迅速，发病率和死亡率高达 90%～100%，是一种严重危害养鹅业的重要传染病。1956 年，我国首先发现了本病，定名为小鹅瘟。事后，世界许多养鹅国家相继报道了该病。

【流行特点】 在自然情况下，小鹅瘟病毒可感染各种鹅，包括白鹅、灰鹅、狮头鹅与雁鹅。其他动物除番鸭外，均无易感性。出壳后3～4天乃至20天左右的雏鹅均可发生本病。

病鹅的内脏、脑、血液及肠管均含有病毒，小鹅瘟病毒主要通过消化道感染。经过与病鹅直接接触或接触病鹅排泄物污染的饲料、饮水、用具和场地而感染。本病能通过种蛋传播，被带毒的种蛋（主要是蛋壳被污染的种蛋）污染的孵化室和孵化器对传播本病起到重要的作用。

小鹅瘟发病及死亡率的高低，与母鹅的免疫状况有关。病愈的雏鹅、隐性感染的成鹅均可获得坚强的免疫力。成年鹅通过卵黄将抗体传给后代，使雏鹅获得被动免疫。本病具有一定的周期性，一般为1～2年或3～5年流行1次。

【主要症状】 潜伏期为4～5天，出现以急性渗出性肠炎为主的败血症症状。日龄较小的病雏，常在1天内，甚至不出现任何症状而突然死亡。日龄较大者，病程较长，一般为2～3天，首先表现精神沉郁、缩颈、离群，继而食欲废绝，严重下痢，排黄白色或绿色水样和混有气泡的稀粪，喙前端色泽变深，鼻液增多，临死前常出现神经症状。在流行后期，发病者症状较轻，其病程较长，可持续1周以上，有的病鹅可自然痊愈。

【诊断要点】 根据流行特点（1～2周龄的雏鹅大批发生肠炎症状，死亡率极高，而青年、成年鹅及其他家禽均未发生）、临床特征（患病雏鹅排黄白色或黄绿色水样粪）和病理变化（肠管内有条状的脱落假膜或在小肠末端发生特有的栓塞），一般可做出诊断，但确诊需要进行病原学检查和血清学试验。

【治疗方法】 小鹅瘟抗血清对感染小鹅瘟及受威胁的雏鹅，可达到治疗和预防的作用。治疗用剂量为每只每次2～3毫升，对刚受感染的雏鹅，保护率可达80%～90%，对刚发病的雏鹅保护率

40%～50%。预防用剂量为出壳后每只雏鹅肌内注射 0.5～1 毫升，可防止小鹅瘟的暴发流行。

抗小鹅瘟卵黄抗体的用途同抗血清，也能起到预防及治疗作用。

【预防措施】

一是严格执行卫生防疫制度。

①严禁从感染区购进种蛋、雏鹅及种鹅。为防止病毒经种蛋传播，对种蛋应严格地进行药液冲洗和福尔马林熏蒸消毒。

②孵化场要定期进行彻底消毒。孵化室一旦被污染，应立即停止孵化，在进行严密的消毒后方能继续进行孵化。

③新购进的雏鹅，应隔离饲养 20 天后，确认无小鹅瘟发生时，方能与其他雏鹅合群饲养。

④母鹅在产蛋前 1 个月应全面进行预防接种。受病毒威胁的鹅群一律注射弱毒疫苗。

⑤病死雏鹅尸体要做焚烧或深埋处理，对病毒污染的场地要彻底消毒。严禁病鹅外调或出售。

二是强化免疫接种。采用鹅胚、鸭胚化弱毒疫苗在产蛋前 1 个月接种母鹅，使雏鹅获得坚强的被动免疫。此外，也可采用接种 1 日龄的雏鹅，具有一定的效果。

禽 流 感

禽流感是禽流行性感冒的简称。是由 A 型禽流行性感冒病毒引起的一种禽类（家禽和野禽）传染病。禽流感病毒感染后可以表现为轻度的呼吸道症状和消化道症状，死亡率较低；或表现为较严重的全身性、出血性、败血性症状，死亡率较高。这种症状上的不同，主要是由禽流感的毒型决定的。

【流行特征】 体重在 500 克左右的仔鹅最易感染禽流感病毒，成年鹅发病率较低。高致病性禽流感病毒与普通流感病毒相似，一年四季均可流行，但在冬季和春季容易流行，因此禽流感病毒在低温条件下抵抗力较强。各种品种和不同日龄的禽类均可感染高致病性禽流感，发病急、传播快，其致死率可达 100%。

【主要症状】 禽流感的潜伏期从数小时到数天，最长可达 21 天。潜伏期本病的主要特征是呼吸困难，鼻孔中有大量浆液性分泌物流出，病鹅常摇头甩掉分泌物。严重病例不吃食，缩颈伏卧地上，张口呼吸，有鼾声，病程 2～4 天，死亡率 25%～95%，一般轻症病例可以耐过，重症病例多数死亡。耐过者常出现脚麻痹，站立不稳，或不能站立，最后被淘汰。

高致病性禽流感的潜伏期短，发病急剧，在短时间内可见食欲废绝、体温骤升、精神高度沉郁，伴随着大批死亡。在潜伏期内有传染的可能性。

【诊断要点】 根据流行特点及临床表现可初步做出诊断，确诊则需要进行病原菌分离鉴定和动物接种试验，必要时可采取肝、脾、肾组织送试验室检查。

【治疗方法】 对病鹅的治疗可用 10% 磺胺嘧啶钠注射液肌内注射，每千克体重注射 0.5～1 毫升，1 日 2 次，连续治疗 2～3 天；也可用片剂内服，每千克体重 0.1～0.2 克，连续治疗 2～3 天，有较好疗效，但对某些病例无效，可能有其他继发感染。

禽类发生高致病性禽流感时，因发病急，发病和死亡率很高，目前尚无好的治疗办法。按照国家规定，凡是确诊为高致病性禽流感后，应该立即对 3 千米以内的全部禽只扑杀、深埋，其污染物做好无害化处理。这样，可以尽快扑灭疫情，消灭传染源，减少经济损失，是扑灭禽流感的有效手段之一。

【预防措施】 关于是否应用疫苗接种控制禽流感，一直存在着争议。但在发生高致病性禽流感时，严禁使用疫苗接种，只能采取扑杀的办法。如发生中等毒力以下的禽流感，则可试用疫苗。我国已经成功研制出预防 H_5N_1 高致病性禽流感的疫苗。非疫区的养殖场应该及时接种疫苗从而达到防止禽流感发生的目的。

禽流感病毒在外界环境中存活能力较差，只要消毒措施得当，养禽生产实践中常用的消毒剂，如醛类、含氯消毒剂、酚类、氧化剂、碱类等均能杀死环境中的病毒。场舍环境采用下列消毒剂消毒效果比较好。

①醛类消毒剂有甲醛、聚甲醛等，其中以甲醛的熏蒸消毒最为常用。

②含氯消毒剂的消毒效果取决于有效氯的含量，含量越高，消毒能力越强，包括无机含氯和有机含氯消毒剂。可用5%漂白粉混悬液喷洒于动物圈舍、笼架、饲槽及车辆等进行消毒。次氯酸杀毒迅速且无残留物和气味，因此常用于食品厂、肉联厂设备和工作台面等物品的消毒。

③碱类制剂主要有氢氧化钠等，消毒用的氢氧化钠制剂大部分是含有94%氢氧化钠的粗制碱液，使用时常加热配成1%～2%的水溶液，用于消毒被病毒污染的鸡舍地面、墙壁、运动场和污物等，也用于屠宰场、食品厂等地面以及运输车辆等物品的消毒。喷洒6～12小时后用清水冲洗干净。

鹅副黏病毒病

鹅副黏病毒病是禽Ⅰ型副黏病毒引起的急性病毒性传染病。各种年龄都会发病，主要发生于15日龄至60日龄的雏鹅，鹅龄越小发病率和死亡率越高，病程短，康复少。本病的流行无明显的季节性。主要通过消化道和呼吸道感染，也能通过种鹅蛋传染。各种品种的鹅均会感染发病，与病鹅同群的鸡会发病，而同群的鸭未见发病。该病毒抵抗力不强，常用的消毒药物都能杀灭。

【诊断要点】

临床症状：精神沉郁、委顿，两肢无力而蹲地，饮水量增加。后期出现扭颈、转圈、仰头等神经症状，尤其是在饮水后更明显，10日龄左右雏鹅常出现甩头现象。病初排白色稀粪、后呈水样，带暗红色、黄色或墨绿色。一般发病率为40%～100%，死亡率为30%～100%，部分病鹅可逐渐康复，一般于病后6～7天开始好转，9～10天康复。

病理剖检：特征性病变主要在消化道。食管黏膜特别是下端有散在芝麻粒大小的灰白色或淡黄色易剥离的结痂，剥离后可见斑点或溃疡。部分病鹅的腺胃及肌胃充血、出血。肠道黏膜上有淡黄色或灰白色芝麻粒大小至小蚕豆粒大纤维素性坏死性结痂，剥离后呈出血性溃疡面。盲肠扁桃体肿大，明显出血，盲肠和直肠黏膜上有同样的病变。肝肿大，淤血，质地较硬。脾脏肿大，有芝麻粒至绿豆大的坏死灶。胰腺肿大，有灰白色坏死灶。心肌变性，部分病例心包有淡黄色积液。

本病的初期症状和病变很似小鹅瘟，易与小鹅瘟混淆误诊。

【防治措施】 鹅副黏病毒病目前无疗效较好的治疗药物，只有采取综合防制措施，鹅群一旦发生本病，立即将病鹅隔离或淘汰，死鹅深埋，彻底消毒，以消灭本病的发生和流行。

水禽鸭传染性浆膜炎

鸭传染性浆膜炎（水禽鸭疫里默氏杆菌病）是由鸭疫里默氏杆菌（Ra）引起的一种接触性传染性疾病，又称为鸭疫里默氏杆菌病、新鸭病、鸭败血症、鸭疫综合征等。是一种接触传染、分布很广，并以纤维素性心包炎、肝周炎、气囊炎、干酪性输卵管炎和脑膜炎为特征的细菌传染性疾病。由于本病的高发病率和高死亡率，是当前国内外造成养鸭业重大经济损失的最主要疾病之一。1996年匈牙利学者报道鹅发病时的浆膜纤维性渗出物比鸭少。

【发病特点】 发病与水禽年龄的大小、饲养管理的好坏、各种不良应激因素或其他病原感染有一定的关系，死亡率一般在5%～75%。如卫生条件差，饲养管理不善、饲养密度过大，潮湿、通风不良，饲料中缺乏维生素、微量元素以及蛋白质含量较少等因素，容易诱发本病的流行，或雏禽转换环境、气候骤变、受寒、淋雨及有其他疾病（番鸭花肝病、禽大肠杆菌病、禽出败等）混合感染时，更易引起本病的发生和流行，死亡率往往可高达90%以上。该病易复发且难以扑灭，在发病禽场持续存在，引起不同批次的幼禽感染发病，同时还可引起大肠杆菌病的混合感染，给水禽业造成严重的经济损失。

【临床症状】 本病多发于2～7周龄的雏鸭和雏鹅，尤其是2～4周龄的雏鸭鹅最易感，呈急性或慢性败血症。1周龄内的幼鸭和种鸭、成年蛋鸭很少有发病。本病一年四季都可以发生。特别是秋末或冬春季节为甚，主要经呼吸道或经皮肤外伤感染。患禽表现为精神萎靡，食欲下降甚至废绝。临床上主要表现为眼和鼻分泌物增多、气喘、咳嗽、打喷嚏、脚软、不愿走动，或伏地不起，翅下垂、昏睡、下痢，粪便稀薄呈绿色或黄绿色。在发病后期迅速、衰竭、死亡。病程2～5日龄稍大的雏鹅（4～7周龄）多呈现亚急性或慢性经过，病程可达7天以上，部分鹅有共济失调、痉挛性地点头或头左右摇摆，难以维持躯体平衡，部分病例有头颈歪斜，转圈、抽筋等神经症状。有些病例表现为软脚、跛行，站立不稳，部分病例跗关节肿大，鼻窦部肿大。

【诊断要点】 本病在临床及病理剖检诊断上应注意与雏鸭大肠杆菌病、衣原体感染相区别，三个病症状相似。应注意区别，确诊要做实验才能诊断。

【防治措施】 鹅群发病后，首先要对发病鹅群使用0.1%过氧乙酸对小鹅进行喷雾消毒，连用3天。更换鹅棚中的垫料；用具、饮水器、料槽清洗后用1:1500百毒杀消毒，每天1次，连用1周。用1:1500"消毒威"消毒运动场地。

对本病有效的药物有恩诺沙星、阿米卡星（丁胺卡那霉素）、氟苯尼考、林可霉素、利高霉素、庆大霉素、大观霉素、左旋氧氟沙星等。可以适当用于雏鹅预防性投药或治疗，但本病对药物敏感性易变，应交替使用不同药物。

【预防措施】

①改善育雏条件。育雏舍要保持通风、干燥、温暖，勤换地面垫草。饲饮用具、料槽、饮水器要保持清洁干净，并定期清洗，严格消毒。

②尽量减少各种应激，特别要注意天气变化，防日晒、防雨淋、

防寒冷等应激以及饲料营养不足等，要特别注意防止惊吓。

③实行"全进全出"的饲养制度，封闭式饲养管理模式，杜绝传染病的传染和蔓延流行。

④免疫对本病控制有一定效果，但由于本病原菌有21个血清型，不同的国家和地区的流行菌珠血清型不同，即使在同一国家和地区，不同时期的流行菌珠血清型也有所不同。不同血清型的菌珠其致病性存在差异，即使同一血清型的不同菌珠致病性也有所不同。目前，我国的流行菌珠有5~6个血清型，免疫时应选用相应血清型的灭活苗。雏禽要求在10日龄左右首次免疫，在首免后2~3周进行第二次免疫，建议首免选用水剂灭活苗，二免选用水剂灭活苗或油乳剂灭活苗。

禽霍乱

禽霍乱又名禽巴氏杆菌病，是由多杀性巴氏杆菌引起的一种接触传播的传染病，鸡、鸭、鹅及野禽与野鸟均可感染。本病在世界多数国家呈散发性或地方性流行，我国各省、自治区均有本病发生。

【流行特点】 禽类对本病都有易感性，成年家禽特别是性成熟家禽对本病更易感。我国各地区都有发生，南方各省常年流行，北方各省多呈季节性流行。本病在鹅群中多为散发，但水源严重污染时也能引起暴发流行。病禽和带菌的家禽是主要的传染源，禽霍乱的慢性带菌状态是终生的。被污染的垫草、饲料、饮水、用具、设备、场地等可成为本病的传播媒介；狗、飞鸟，甚至人都能成为机械带菌者；此外，一些昆虫如蝇类、蜱、鸡螨也是传播的媒介。

【临床症状】 自然感染的潜伏期为3~5天，在临床上因个体抵抗力的差异和病原菌毒力的差异，其症状表现可分为3型。

①最急性型 多见于流行初期，高产母鹅感染后多呈最急性型。无先期症状，常突然发病倒地死亡，有时夜间喂料时无异常，翌日早晨却有病鹅死于舍内。

②急性型　此型最为多见。病鹅精神沉郁，羽毛松乱，少食或不食，离群呆立，蹲伏地上，头藏在翅下，驱赶时行动迟缓，不愿下水，腹泻，排灰白色或黄绿色稀粪，体温高达42℃～43℃，呼吸困难，病程2～3天，多数死亡。

③慢性型　多见于流行后期，部分病例由急性型转化而来。病鹅主要表现为持续下痢，消瘦，后期常见一侧关节肿大、化脓，因而发生跛行。病鹅精神不佳，食量小或仅饮水，部分病例还表现呼吸道炎，鼻腔中流出浆液性或黏性分泌物，呼吸不畅，贫血，肉瘤苍白，病程可持续1月以上，最后因失去生产能力而淘汰。

【诊断要点】　根据流行特点、典型症状和病理变化只能怀疑为本病或初步诊断，确诊可采取死鹅肝、脾组织抹片、血液涂片革兰氏染色镜检，如出现大量革兰氏阴性两极着色小杆菌即可确诊。也可用病变组织作细菌培养和动物接种分离病原菌，最后出诊断。

【治疗方法】

①药物治疗　治疗禽霍乱可用青霉素、链霉素、土霉素、磺胺嘧啶等磺胺类药物等。不同药物在不同鹅场、不同暴发的病禽效果可能不同。因此，最好先做药敏试验，然后选用最敏感的药物。参考剂量：青霉素成年鹅每只5万～8万单位，1日2～3次，肌内注射，连用4～5天；链霉素每只成年鹅肌内注射10万单位，每天1次，连用2～3天；土霉素每千克饲料中加入2克，拌匀饲喂。仔鹅的药量可酌情减少；20%磺胺二甲基嘧啶钠注射液，每千克体重肌内注射0.2毫升，每日2次，连用4～5天；长效磺胺每千克体重0.2～0.3克内服，每日1次，连用5天；复方敌菌净按饲料重量加入0.02%～0.05%拌匀饲喂，连用7天。

②禽霍乱抗血清　发病早期皮下注射10～15毫升抗血清，可获得较好的疗效。

【预防措施】

①免疫接种　我国生产使用的禽霍乱菌苗有两大类。一类是死

菌苗，即禽霍乱氢氧化铝菌苗；另一类是活菌弱毒苗，即 G190 E40 禽霍乱弱毒菌苗和 713 等弱毒菌苗，在一些地区大量试用。禽霍乱亚单位氢氧化铝苗保护率可达 75%。如有条件，可从当地发病禽分离菌株，制成氢氧化铝自家菌苗。

②防疫卫生　加强管理，使鹅保持良好的抵抗力。由于禽霍乱的发生多因体内带本菌，当饲养管理欠佳及长途运输等应激因素，该菌则会乘虚而入。一旦发现禽霍乱发生，应对发病圈、栏进行封锁，防止病原扩散，并进行隔离治疗，健康鹅也应给予预防性药物。受污染的圈舍、用具、设备等应彻底消毒，将疫情控制在发病群内，以期尽快扑灭本病。

由于引起禽霍乱的多杀性巴氏杆菌血清型较多，在接种菌苗之后，难免还会发生禽霍乱。所以，在本病严重发生的地区，在进行免疫接种的同时，应加强卫生消毒、药物防治等综合性防疫措施。

禽副伤寒

禽副伤寒（Paratyphus avium）是由多种能运动的沙门氏菌引起的传染病。本病分布于世界各国，由于造成产蛋量、受精率和孵化率下降，幼禽大批死亡或生长发育受阻，故可造成很大的经济损失。

【流行特征】　雏鸡和雏鹅易发生本病，在1～2周龄感染的常呈流行性发生，死亡率10%～60%不等。多数野禽如鸽、麻雀、孔雀和鹌鹑等均可感染本病或成为带菌者。发病动物或带菌动物都是本病的传染源。含病菌的粪便或绒毛等污染饲料、饮水、空气和禽场的蝇、虱、蛆等都是重要的传播媒介。传播途径主要是通过消化道，也可以通过呼吸道和眼结膜感染。

【主要症状】

①幼禽　经带菌卵感染或出壳雏禽在孵化器感染本菌，常呈败血病经过，往往不显任何症状而迅速死亡。年龄较大的幼禽则常呈亚急性经过。各种幼禽副伤寒的症状大致相似，主要表现嗜睡呆立，垂头闭眼，两翅下垂，羽毛松乱，显著厌食，饮水增加，水

样下痢，肛门沾有粪便，怕冷而靠近热源处或相互拥挤，病程为1～4天。

②成年禽　在自然情况下，成年禽一般为慢性带菌者，病菌存在于内脏器官和肠道中，常不出现症状。急性病例少见，有时可出现水样下痢、精神沉郁、倦怠、两翅下垂、羽毛松乱等症状。

【诊断要点】　根据流行特点、临床特征和病理变化只能怀疑本病或做出初步诊断，确诊有赖于病原学检查和血清学试验。

【治疗方法】　最好在治疗之前进行细菌分离和药敏试验，选择最有效的药物用于治疗。较常用的治疗药物如下。

土霉素、诺氟沙星、复方敌菌净，按每100千克饲料分别添加100～500克、40克、20克、20～40克混饲，分别用药7天、3～5天、3～4天、4～5天。

也可选用新霉素、庆大霉素、先锋霉素、卡那霉素、环丙沙星、乙基环丙沙星等，往往会获得满意的效果。

【预防措施】　本病目前尚无有效的免疫预防方法，加上该病的沙门氏菌易对药物产生耐药性。因此，应采取综合措施，才能达到控制和净化该病的目的。

鹅的鸭瘟病

鹅的鸭瘟病（Duck plague virus，DPV）又名鹅病毒性溃疡肠炎（Duck virus enteritis，DVE），是由疱疹病毒引起的，是鸭、鹅和其他雁形目禽类的一种急性、热性、败血性传染病。该病的特征是流行广泛，传播迅速，发病率和死亡率都高。本病1963年在国内首次报道，其后广东、广西、海南等省（区）相继报道了本病的发生，至20世纪80年代，本病在鹅群中广泛流行，发病率和死亡率都大为提高。用现有的鸭瘟弱毒疫苗防治效果不一。

【发病特点】　本病的发生常以与鸭共养或与鸭同一水域的鹅群发病居多。任何季节、任何品种、年龄、任何性别的鹅均可感染，以10～15日龄的鹅易感性高。发病率为10%左右，疫区的发病率和死亡率则可高达90%以上，雏鹅发病多发现为急性死亡，迅速波及全群，死亡率可达80%左右。一般从发病到死亡的时间常为2～5天。成年鹅发病较低，一般极少死亡。

【临床症状】 鹅感染鸭瘟的症状与鸭相似。病鹅体温急剧升高到43℃以上，这时病鹅表现精神不佳，头颈缩起，食欲减少或停食，但想喝水，喜卧不愿走动。病鹅不愿游水、怕光、流泪、眼睑水肿，眼睑周围的羽毛沾湿，甚至有脓性分泌物，将眼睑粘连，甚至形成出血性的小溃疡，眼结膜充血、出血。鼻腔亦有脓性分泌物，导致呼吸困难。经常头向后仰、咳嗽，部分鹅头颈部肿大，俗称"大头瘟"。病鹅下痢，呈灰黄绿色、绿色或灰白色稀粪。

【防治措施】 应采取封锁隔离、严格消毒和注射疫苗相结合的综合措施。在没有发生鸭瘟的地区或鹅场，应当着重做好预防工作，执行消毒卫生工作和防疫制度。

不从鸭瘟疫区进鹅，平时严格执行对鹅舍、运动场等的消毒；严禁从疫区引进种鹅和鹅苗。从外地购进的种鹅，应隔离饲养15天以上，并经严格检疫后，才能合群饲养。病鹅和康复后的鹅所产的鹅蛋不得留作种蛋。

目前使用的鸭瘟疫苗有鸭瘟鸭胚化弱毒疫苗和鸭瘟鸡胚化弱毒疫苗两种。注意使用鸭瘟疫苗时，剂量应是鸭的5～10倍，种鹅一般按15～20倍接种。

鹅群一旦发病，除迅速采取综合防疫措施以外，应及早紧急接种，可按以下剂量进行：①对发病鹅群紧急肌内注射疫苗，15日龄以下鹅群用鸭瘟疫苗15羽份剂量，15～30日龄鹅用20羽份剂量，31日龄至成年鹅用25～30羽份剂量。②病鹅可用抗鸭瘟血清治疗，每羽每次肌内注射1毫升，同时肌内注射地塞米松（氟美松）0.5毫克，在饲料中增加多种维生素含量，在饮水中按比例加入。③黄芪多糖注射2～4毫升/次，每日2次，连用3天，同时肌内注射聚肌胞注射液1～2毫升，隔日1次，连用2～3次。④各种抗生素和磺胺药物对本病均无治疗和预防作用。但为了防止继发感染，可肌内注射恩诺沙星或卡那霉素等抗生素。也可用盐酸吗啉胍可溶性粉或恩诺沙星可溶性粉拌水混饮，每天1～2次，连用3～5天，但不应用于产蛋鹅，肉用鹅售前应停药8天。

发病后的鹅应多喂青料，少喂粒料。同时，可用口服补盐液代替饮水4～5天。饲料中应增加维生素的用量，同时使用适当的抗生素拌料或饮水喂服，以预防继发细菌性感染。

发病的鹅舍，每天清除粪便并用10%～20%石灰乳或5%漂白粉混悬液消毒。

鹅大肠杆菌性腹膜炎

大肠杆菌病是由致病性大肠杆菌引起的产蛋母鹅和仔鹅的一种常见传染病，主要引起成年母鹅生殖器官卡他性出血性炎性病变。

【流行特点】 大肠杆菌在自然环境、饲料、饮水、体表、孵化场等处普遍存在。本病多发生于母鹅产蛋高峰季节，产蛋停止，病亦随之停息。该病能导致母鹅成批发病和死亡，发病率高达35%以上，病死率为11.4%左右。公鹅也能受到感染，主要引起生殖器发炎、溃烂，失去交配能力，但很少死亡。

【临床特征】 鹅大肠杆菌性生殖器官病，俗称"蛋子瘟"，主要侵害鹅的生殖器官，导致鹅群产蛋率下降30%～40%，种蛋在孵化期间出现大量的臭蛋。患病母鹅粪便含有蛋清、凝固蛋白或蛋黄，常呈菜花样。患病公鹅阴茎肿大，不同部位有数量不等的结节，严重的大部分或全部露出体外不能缩回泄殖腔，失去配种能力，种蛋受精率降低。

【诊断要点】 根据临床特征、流行特点，结合病理变化，可做出初步诊断。确诊可采取输卵管分泌物及病变的卵子做病原分离、生化鉴定和血清学分类鉴定。

【治疗方法】 大肠杆菌对多种药物如卡那霉素、新霉素、四环素、庆大霉素、链霉素、土霉素、磺胺类等药物都敏感，但易产生耐药性。因此，在选用药物时尽可能作药敏试验，选择敏感性药物，内服优于注射，连续使用 5～7 天，避免抗药性的产生。喹诺酮类药物如诺氟沙星、环丙沙星和恩诺沙星已经证明是有效的，且对产蛋率影响不大。参考剂量：链霉素肌肉注射，每只鹅 5 万～8 万单位，每日注射 2 次，连用 3 天。

【预防措施】 加强饲养管理，改善放养条件，更换死水塘堰的污染积水，避免鹅群在严重污染的塘、堰中游水，减少传播机会。对公鹅应逐只检查，发现外生殖器有可疑病变的应停止配种，有条件的饲养场，可进行人工授精。在本病发生的地区，每年产蛋前半个月可用"蛋子瘟灭活菌苗"进行预防接种，免疫期 5 个月。已发生本病的鹅群，接种量可适当加大，接种后 5～7 天，病情即可逐渐停息。

第十一章
果园林地生态养鹅经营管理

一、制订生产计划和养鹅周期

（一）制订切实可行的生产计划

制订生产计划首先应考虑资金情况，其次考虑人力物力、机械设备、交通运输、饲草饲料等。如果饲养1000只鹅以上，如果是散养，采取放牧模式，则必须要有草地准备，有自然的更好，如果没有草地，那至少需要1333～2000米^2（2～3亩）以上的地用来种草（不包括水塘，水塘面积越大越好），如果是圈养，至少需要250米^{2}圈舍和667米^{2}草地用于种草。饲养1000只以上的应该配备2个劳力；如全部工厂化养鹅3000只以下，2名劳力就可以。

（二）生产周期的制定

如果只是养商品肉鹅，1年可以饲养3～4批，而每批的饲养规模需按实际能力而定。

商品肉鹅饲养大致分3个阶段：育雏期（1～28日龄），生长期（28～70日龄）和育肥期（70～90日龄）。具体出栏时间主要根据市场需要来确定。有些地方商品肉鹅也有65～70日龄出栏，有的地方的消费者或肉鹅加工者（或企业）喜欢肉质老一些的，就需要90日龄及以上的肉鹅。三个阶段的青草（干草）的饲喂比例为：

育雏期青草饲喂量≤30%，生长期60%～70%，育肥期≤30%，全程青草占总饲喂量的40%～50%。假如鹅90日龄出栏时体重约为5千克，料肉比为2.2～2.5∶1，则全程精饲料采食量为11～12.5千克，青草则为7.3～8.3千克，按干草率13%计算，90日龄鹅出栏体重5千克时需饲喂56.2～63.8千克鲜草。因此，养鹅户应根据养鹅周期规划制订种草计划。由于牧草的品种不同，产量也不同，一般高产牧草年667米²产量在1.5万～2万千克。主要牧草有黑麦草，其特点是茎叶细嫩，营养丰富，适口性好，高产，一般每667米²产5 000～8 000千克。

二、利用好当地资源，降低饲养成本

养鹅饲料成本占总成本的50%左右，因此最好就地取材。玉米、豆饼、糠麸争取在低价期备货，利用荒坡、农闲地种植饲草。在玉米产区可做玉米秸秆青贮饲料喂鹅，实行林下、果园养鹅等。

三、适度规模养殖，扩大经济效益

养鹅规模大小与经济效益有着密切的关系。通常是养鹅数量多，出栏多，劳动效率高，收益较大；养鹅数量太少，产品和出栏数均小，劳动效率低，收益少。但如果条件尚不具备，技术跟不上，就不应盲目追求规模过大；否则，会因饲养管理不当，而适得其反。养鹅的适度规模要根据从事养殖者的劳动力、资金、饲草饲料、鹅舍等条件以及市场销售等情况来确定。

（一）规模养鹅专业户应具备的基本条件

一是拥有一定数量的鹅群，能独自组群饲养和繁殖；或具有一定的资金足以饲养较多的种鹅或肉鹅；或具有偿还贷款的能力，利用贷款饲养种鹅或商品肉鹅。

二是须拥有足够的草场和丰富的饲草资源，提供鹅群放牧。同时应利用部分耕地、荒地、轮闲地种植优质青饲料，能利用农作物副产物进行加工处理和补饲群鹅。

三是有一定的文化水平，具有较丰富的养鹅经验，商品生产观念较强，能独立经营养鹅生产。

四是有足够面积的鹅舍和饲养管理设施，或利用旧房进行改建，或具备新建鹅舍和购置养鹅设备的资金。

（二）养鹅的适度规模

养鹅规模与经济效益密切相关，就一般而言，饲草资源丰富，放牧条件较好，可用于补饲的农副产品较多的，每户养鹅数量可达几百只或几千只。如果是山区，可供鹅放牧的场地有限，饲料来源较困难，每户养鹅数量不宜太多，少者几十只，多则几百只。专门从事肉鹅生产的饲养大户，养鹅的数量可适当多些，以充分发挥规模效益。随着资金的积累，养鹅技术水平的提高和养鹅条件的改善，养鹅规模可逐渐扩大，以提高劳动生产率，生产更多适销对路的鹅产品，以创造更多的利润。

（三）林下生态养鹅效益提升的关键点

林下放牧养鹅相对于舍饲来说，效益更显著，提高林下生态养鹅效益的关键如下。

1. 做好鹅的轮牧管理 林下养鹅不仅对周边自然条件有要求，对养鹅的人同样也有要求。有了一定的林果地作为放牧的空间储备的时候，还要计划好空间，算好轮牧的周期和面积，定期轮换场地，防止林果地土壤板结，让牧草有充分的休养时间。另外，放牧时饮水要随时跟上。由于放牧饲养，鹅群容易感染寄生虫，因此在鹅30～40日龄时可全群用广谱驱虫药左旋咪唑驱虫1次。

2. 适时补充青绿饲料 青草的品质和产量受季节的影响。当牧地草量变少时，可以因地制宜的用其他青饲料或适当补充精饲料。

例如，玉米产区养鹅户可充分利用玉米秸秆粉喂鹅，也可用新鲜的秸秆粉碎后作为青草的补充，效果同样很好。

3. 因地制宜建造鹅舍，节约基建成本　生态养鹅对设施要求不高，农户们可以利用自家闲置的仓房改建，或搭建简易棚舍，以减少建造费用。

据估算，林下种草养鹅要比全程舍饲成本减少 10 元 / 只左右，在青饲料充足的条件下，每只鹅只需投资 20 元左右，饲养 70～90 天可长到 3 千克以上，每只鹅的纯收入可达 10～30 元，比舍饲高 5～10 元，具有较高的经济效益和生态效益。

四、建立和发展养鹅专业合作社，
对接市场，降低养殖风险

目前，我国肉鹅养殖、屠宰、加工各个环节相互脱节比较严重，没有形成完整的利益相关的公司＋农户＋规模养殖场的产业链，极大地降低了养鹅的经济效益。表现为肉鹅屠宰加工企业，不愿意承担养殖和孵化的市场和技术风险，不能有效组织农户开展养殖工作，使企业经常出现无鹅可宰，致使一些肉鹅加工企业最终无力经营而倒闭或转向。而一些肉鹅规模养殖户由于销售渠道狭窄，出现鹅养大后无法卖出的情况，或只能低价卖给中间收购商，造成养鹅经济效益的减少。

当前在我国养鹅生产中，农户零星散养仍占较大比例，但通过近几年的发展，规模养鹅户不断增加，这些养鹅户为了减少和避免单打独斗所面临的养殖风险和市场风险，对接大市场，自觉的发展起了各类联合互作组织，这使得我国一些地方的养鹅业的产业化生产组织模式有了较大发展，各类养鹅专业合作社、养殖协会等组织应运而生，大家联合协作，共享养殖信息和养殖技术，主动对接市场，共同应对市场风险。目前，"公司＋基地＋农户""专业合作社＋养殖户"或"协会＋养殖户"这三种模式是我国养鹅生产

中主要的产业化生产组织模式，同时，还有以这两种组织模式为基础、延伸、发展而出的其他模式，这些组织模式对促进肉鹅养殖的规模化、标准化发展及提升肉鹅养殖水平起到了重要作用。下面简介这几种生产组织模式。

（一）"公司＋基地＋农户"生产经营模式

此模式是以技术先进、资金雄厚的农业公司为龙头，利用基地的作用把分散的农户集中起来，最终以合约的形式把农户和公司结合在一起。"公司＋基地＋农户"生产经营模式使农户实现了订单农业生产，一方面改变了农户长期以来盲目生产的方式，极大地降低了农户生产的风险，使农户的收入得到了保障；同时，使原来分散的农户集中起来，有利于扩大生产规模，降低生产成本，实现产业化发展。

在这种经营模式中，公司与养殖户签订合同，合同规定了原料供应、产品回收标准、价格及公司和农户的责任义务关系。公司主要为养殖户提供全程技术培训、咨询与指导，为养鹅户统一提供种雏鹅、统一防疫、按市场保护价统一回收种蛋和淘汰种鹅或商品鹅，承担市场风险；养鹅户则按公司要求建设符合种鹅饲养的基础设施，负责养殖，并向公司交售符合标准的种蛋，承担养殖风险；公司与养鹅户间建立了较紧密利益联系机制。

（二）"公司＋基地＋专业合作社＋农户"生产模式

此种生产模式需要龙头企业作支撑，比如四川省宜宾市娥天歌食品有限公司。该公司主要从事国家级资源保护鹅种——南溪"四川白鹅"的产业化开发，主要项目包括四川白鹅的种蛋孵化、商品鹅回收加工以及鹅肉深加工，另兼从事其他畜禽的产、供、加、销一体化服务。经过多年经营，公司已形成集保种选育、种鹅发展、种蛋回收、孵化及商品鹅回收、加工、销售为一体的产业化体系。

四川省宜宾南溪区的白鹅产业化发展得比较好，他们在南溪区四川白鹅养殖协会的基础上又成立了养殖专业合作社。该专业合作社具有以下基本职能：一是为养鹅户提供技术服务、市场信息；二是专业合作社与饲料、兽药公司联合，为合作社会员提供低于市场价格的饲料、兽药、鹅苗等生产资料；三是合作社与孵化公司、肉鹅加工企业、肉鹅销售企业联合，为养殖户提供产品销售、肉鹅回收、种蛋回收等服务。在合作社的利益联系机制中，实行以交易额分配为主的分配原则，在养鹅户社员间进行分配。同时，专业合作社与这些公司签订合同，合同规定了原料供应、产品回收标准、价格及公司和农户的责任义务关系。公司主要为养鹅户提供全程技术培训、咨询、技术服务与指导，为养殖户统一提供种苗、统一防疫、按市场保护价统一回收种蛋和淘汰种鹅。

从组织形式上看，这种经济组织模式是以合作社为纽带，将种鹅养殖户（包括大型种鹅公司）、加工企业、营销与商品鹅养殖户进行了有效结合，在养殖生产、销售和加工等各个环节实现有效的交易联合，形成了"专业合作社＋种鹅公司＋加工企业＋养鹅户"的产业化经济模式。

（三）"养殖专业合作社（养殖协会）＋养殖户"生产模式

该生产模式主要是由养殖协会、养殖大户牵头成立的专业合作社，由合作社代表养鹅户对接市场。合作社除了从事技术合作之外，还会为会员提供市场信息、物质供应（包括饲料、兽药、鹅苗）、肉鹅回收、种蛋回收等服务，属于较紧密的技术营销型合作经济组织。普通养鹅户缴纳少量会费即可成为会员。合作组织与会户签订协议，为会员提供低于市场价的生产资料，以保护价收购会员商品鹅或其他产品。

（四）"公司＋农户"模式

所谓"公司＋农户"，就是生产环节交给农户，而指导和销售环节由有实力的公司承担，这样利用大公司的品牌效应，增加了产品的销售渠道和销售量，又利用了农户现成生产设备和用地，减少了生产成本。我国许多禽苗公司就是采取这一生产经营模式。公司负责种鹅选育，提供种鹅苗给农户，农户负责饲养，然后公司回收种蛋，最后公司孵化和销售鹅苗，实现鹅苗的产、供、销一体化。

（五）"公司＋专业合作社＋农户"模式

这种组织生产模式主要是由有一定经济实力的公司牵头成立养殖专业合作社，签约养鹅户或农户加入合作社，从而形成一个共同的经济利益体。这种模式的操作方式与上面的其他模式大体相同。

至于采取何种生产组织模式好，主要取决于当地鹅产业的发展情况。

参考文献

［1］胡民强. 广东果园种草养鹅的潜力与对策［J］. 广东畜牧兽医科技，2005，05：

［2］王宝维. 中国鹅业［M］. 山东：山东科学技术出版社，2009.

［3］王继文. 养鹅关键技术［M］. 成都：四川科学技术出版社，2002.

［4］马敏，刁运华，徐成清，等. 四川白鹅反季节繁殖技术［J］. 中国家禽，2007，29（7）：23-24.

［5］张彦明. 最新鸡鸭鹅病诊断与防治技术大全［M］. 北京：中国农业出版社，2002.

［6］杨凤. 动物营养学（第二版）［M］. 北京：中国农业出版社，1999.

［7］徐银学，谢庄，等. 肉用鹅饲养法［M］. 北京：中国农业出版社，1997.

［8］李昂. 实用养鹅大全［M］. 北京：中国农业出版社，2003.

［9］沈军达、卢立志、陈烈. 中国白鹅产生性能研究初报

［10］曾凡同. 养鹅全书［M］. 成都：四川科学技术出版社，1997.

［11］黄勇富. 四川白鹅. 北京：中国农业科学技术出版社，2008.

三农编辑部新书推荐

书　名	定　价	书　名	定　价
西葫芦实用栽培技术	16.00	怎样当好猪场兽医	26.00
萝卜实用栽培技术	16.00	肉羊养殖创业致富指导	29.00
杏实用栽培技术	15.00	肉鸽养殖致富指导	22.00
葡萄实用栽培技术	19.00	果园林地生态养鹅关键技术	22.00
梨实用栽培技术	21.00	鸡鸭鹅病中西医防治实用技术	24.00
特种昆虫养殖实用技术	29.00	毛皮动物疾病防治实用技术	20.00
水蛭养殖实用技术	15.00	天麻实用栽培技术	15.00
特禽养殖实用技术	36.00	甘草实用栽培技术	14.00
牛蛙养殖实用技术	15.00	金银花实用栽培技术	14.00
泥鳅养殖实用技术	19.00	黄芪实用栽培技术	14.00
设施蔬菜高效栽培与安全施肥	32.00	番茄栽培新技术	16.00
设施果树高效栽培与安全施肥	29.00	甜瓜栽培新技术	14.00
特色经济作物栽培与加工	26.00	魔芋栽培与加工利用	22.00
砂糖橘实用栽培技术	28.00	香菇优质生产技术	20.00
黄瓜实用栽培技术	15.00	茄子栽培新技术	18.00
西瓜实用栽培技术	18.00	蔬菜栽培关键技术与经验	32.00
怎样当好猪场场长	26.00	枣高产栽培新技术	15.00
林下养蜂技术	25.00	枸杞优质丰产栽培	14.00
獭兔科学养殖技术	22.00	草菇优质生产技术	16.00
怎样当好猪场饲养员	18.00	山楂优质栽培技术	20.00
毛兔科学养殖技术	24.00	板栗高产栽培技术	22.00
肉兔科学养殖技术	26.00	提高肉鸡养殖效益关键技术	22.00
羔羊育肥技术	16.00	猕猴桃实用栽培技术	24.00
提高母猪繁殖率实用技术	21.00	食用菌菌种生产技术	32.00
种草养肉牛实用技术问答	26.00		

三农编辑部即将出版的新书

序　号	书　名
1	肉牛标准化养殖技术
2	肉兔标准化养殖技术
3	奶牛增效养殖十大关键技术
4	猪场防疫消毒无害化处理技术
5	鹌鹑养殖致富指导
6	奶牛饲养管理与疾病防治
7	百变土豆　舌尖享受
8	中蜂养殖实用技术
9	人工养蛇实用技术
10	人工养蝎实用技术
11	黄鳝养殖实用技术
12	小龙虾养殖实用技术
13	林蛙养殖实用技术
14	桃高产栽培新技术
15	李高产栽培技术
16	甜樱桃高产栽培技术问答
17	柿丰产栽培新技术
18	石榴丰产栽培新技术
19	连翘实用栽培技术
20	食用菌病虫害安全防治
21	辣椒优质栽培新技术
22	希特蔬菜优质栽培新技术
23	芽苗菜优质生产技术问答
24	核桃优质丰产栽培
25	大白菜优质栽培新技术
26	生菜优质栽培新技术
27	平菇优质生产技术
28	脐橙优质丰产栽培